U0299851

PPT知识图谱

邵云蛟（@旁门左道PPT）著

電子工業出版社
Publishing House of Electronics Industry
北京•BEIJING

深耕PPT设计行业多年，作者听到过很多PPT初学者的吐槽，他们觉得看了很多教程，但依旧做不好PPT。这是因为互联网上的很多PPT知识都是碎片化、单点式的，而想要做出优秀的PPT设计，需要系统化的知识体系。在本书中，作者就把长期以来在PPT制作中归纳、沉淀下来的经验分享给读者，从12个方面系统讲解PPT设计制作中所需的知识，并且每个知识点都配套了相关案例，图文并茂，希望能帮助大家更好地理解和学习。

图书在版编目（CIP）数据

PPT知识图谱 / 邵云蛟著. —北京：电子工业出版社，2021.11

ISBN 978-7-121-42220-1

Ⅰ．①P… Ⅱ．①邵… Ⅲ．①图形软件—教材 Ⅳ．①TP391.412

中国版本图书馆CIP数据核字（2021）第209718号

责任编辑：张月萍

文字编辑：刘　舫

印　　刷：天津裕同印刷有限公司

装　　订：天津裕同印刷有限公司

出版发行：电子工业出版社

　　　　　北京市海淀区万寿路173信箱　　　　　　邮编：100036

开　　本：720×1000　　　1/16　　　　印张：14.5　　字数：277千字

版　　次：2021年11月第1版

印　　次：2025年1月第8次印刷

定　　价：103.00元

凡所购买电子工业出版社图书有缺损问题，请向购买书店调换。若书店售缺，请与本社发行部联系，联系及邮购电话：（010）88254888，88258888。

质量投诉请发邮件至zlts@phei.com.cn，盗版侵权举报请发邮件至dbqq@phei.com.cn。

本书咨询联系方式：（010）51260888-819，faq@phei.com.cn。

前言

写这本书的念头，源自我跟一位读者的聊天。

当时他说，当遇到一些 PPT 操作问题的时候，会选择百度，但是当遇到一些 PPT 设计方法的时候，比如该怎么排版，该怎么配色等，百度基本上就不灵了。

如果能有一本 PPT 设计方法百科，该多好呀！

听完，我觉得这是一件值得做的事情，因为软件操作的门槛会越来越低，大家需要的并不是软件操作说明书，而是把 PPT 做好的方法。

这里还有一个背景，全网比较流行一个产品，叫作知识图谱，简单来说，就是把某个领域的重要知识点，汇总到一张地图上，便于查找。

所以，在产生了这个想法之后，我便和同事一起，花了 10 天左右时间，从内容梳理，到设计呈现，把第一版的 PPT 知识图谱搞定了。

不过，很快我们就发现了一个问题——

我们当时只是简单地把知识点列在了上面，但对一个用户来讲，他只能看到一堆文字，并不能看到对应的设计案例，而缺少了案例，大家对知识点的理解也会存在问题。

所以，我们就想要重新改版，再做一次。

我们最初的想法，是希望打造一本 PPT 设计词典，于是，围绕这个思路我们重新思考。

既然是设计词典，那就需要有目录导航，可以直接查找至对应的知识点；其次，知识点应该更全面一些，要不然就不能叫词典；最后，吸取前一个版本的教训，每一个知识点一定要有对应的案例，方便大家理解。

中间，我们还打磨迭代了 6 个版本，总之，一切都是为了让知识图谱有更好的呈现，而这，也就是你目前看到的版本。

说了这么多，就是希望你能明白，我们为什么做这件事，以及我们在做这件事情时的一些思考，也希望你能在阅读此书时，同我们交流，让这本书变得更好。

SLIDE KNOWLEDGE GRAPH

基础入门

GETTING STARTED

内容提炼

CONTENT REFINEMENT

图片处理

PICTURE PROCESSING

配色方案

COLORING SCHEME

目录

字体搭配
FONT MATCHING

元素使用
ELEMENT USAGE

图表设计
CHART DESIGN

设计思维
DESIGN THINKING

自定义页面尺寸

原因+

PPT页面默认的尺寸比例为4：3或者16：9，这也是我们常用的比例。但有时某些放映设备的屏幕尺寸，可能会与这两个比例不一致。这就导致在放映PPT时会显示不全，屏幕上会出现上下或左右的黑边。

因此，为了达到更好的演示效果，我们有时需要根据演示/投影设备的屏幕尺寸，来调整PPT的页面尺寸。

操作方法+

STEP01
点击[设计]

STEP02
点击[幻灯片大小]，然后点击[自定义幻灯片大小]

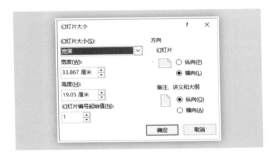

STEP03
输入放映屏幕的尺寸，然后点击[确定]即可

STEP01
点击[设计]

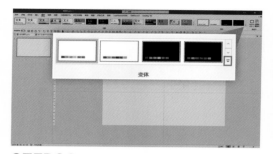

STEP02
点击[变体]的下拉箭头

STEP03
点击[颜色]

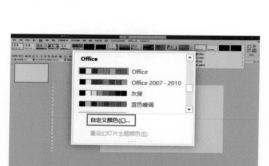

STEP04
点击[自定义颜色]

STEP05
调节颜色并保存

原因⁺

当我们需要对整套PPT的颜色进行修改时，如果已经设置了主题色，只需更改主题色，即可达到为整套PPT"一键换色"的效果。

自定义主题字体

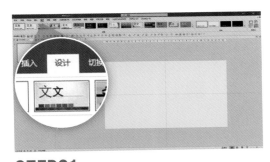

STEP01
点击[设计]

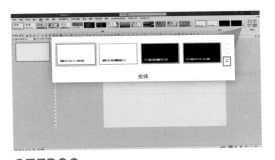

STEP02
点击[变体]的下拉箭头

STEP03
点击[字体]

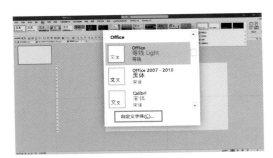

STEP04
点击[自定义字体]

STEP05
设置字体并保存

原因⁺

当我们需要对整套PPT的字体进行修改时，如果已经设置了主题字体，只需更改主题字体，即可实现为整套PPT"一键换字体"的效果。

原因+

很多时候，新手之所以会觉得制作PPT的效率很低，是因为在寻找常用的功能时，花费了很多不必要的时间。
其实，我们可以将常用的功能，添加到快速访问工具栏，以省去设计时使用鼠标不断点击、寻找常用功能按钮的时间，从而提高PPT制作效率。

操作方法+

STEP01
依次点击[文件]、[选项]

STEP02
点击[快速访问工具栏]

STEP03
在列表中选择所需要添加的命令，选定之后点击[添加(A)>>]

增加PPT撤销次数

原因⁺

因为PPT默认的撤销次数仅有20次，所以有时会出现需要撤销的操作步骤过多，但撤销的次数不够用的情况。为了解决这个问题，我们可以将撤销次数增加到150次（最高）。

操作方法⁺

STEP01
依次点击[文件]、[选项]

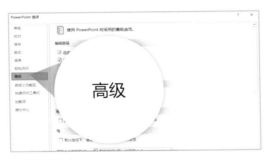

STEP02
点击[高级]

STEP03
将[最多可取消操作数]设置为150

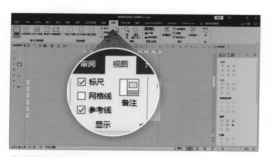

STEP01
点击[视图]

STEP02
点击[幻灯片母版]

STEP03
点击第一张幻灯片母版

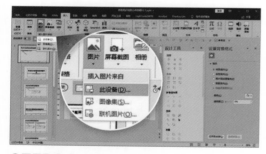

STEP04
点击[插入]、[图片]、[此设备]

STEP05
插入LOGO后，点击[关闭母版视图]即可

原因+

在设计工作型PPT时，为了显示企业形象，我们经常会在PPT的页面上添加公司的LOGO图标，但一页一页复制显然太过麻烦。但如果借助幻灯片母版，我们就可以批量为全部PPT页面添加公司的LOGO。

使用替换字体来批量修改字体

STEP01
点击[开始]

STEP02
点击[替换]的下拉小三角，选择[替换字体]

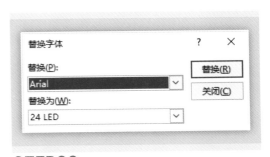

STEP03
点击[替换]的下拉小三角

STEP04
选择要被替换的字体

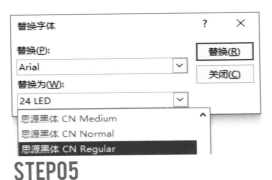

STEP05
选择想要替换为的字体，点击[替换]即可

原因⁺

当PPT中使用了未经授权的字体，或是领导要求我们更换PPT中的字体时，我们就可以通过替换字体，来批量修改PPT中的字体，避免一个个修改的麻烦。

原因⁺

当因为突发情况导致演讲汇报时间缩短时，可以通过此功能，将幻灯片所添加的动画"一键删除"，从而有效节约PPT放映时间，加快演讲节奏，避免讲不完的尴尬。

操作方法⁺

STEP01
点击[幻灯片放映]

STEP02
点击[设置幻灯片放映]

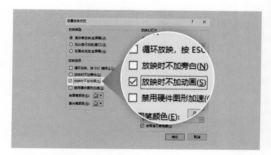

STEP03
勾选[放映时不加动画]

打开参考线

原因 +

很多新手在制作PPT时，之所以会觉得自己的PPT页面不够精致，很多时候往往是因为忽略了细节，比如元素之间的精准对齐。

使用参考线，有利于对各个元素/内容进行更精准的对齐，也可以与一些插件的功能相结合，提高PPT制作效率。

操作方法 +

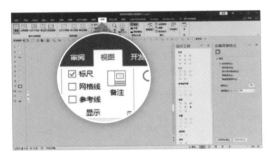

STEP01

点击[视图]

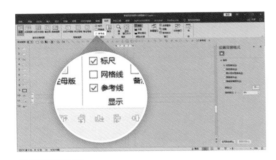

STEP02

找到并勾选[参考线]

STEP03

参考线已开启

STEP01
依次点击[文件]、[另存为]

STEP02
选择要导出的图片类型并导出

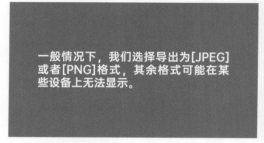

STEP03
导出图片

一般情况下，我们选择导出为[JPEG]或者[PNG]格式，其余格式可能在某些设备上无法显示。

STEP04
依次点击[文件]、[另存为]

STEP05
选择[PDF]导出

原因

当PPT文件体积较大，影响我们给他人传输和预览时，可以将PPT导出为体积较小的PDF或者图片格式。

嵌入PPT中所用的字体

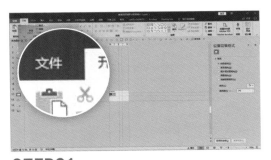

STEP01
点击[文件]

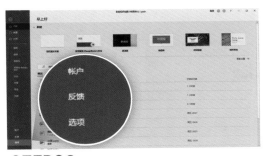

STEP02
点击[选项]

STEP03
点击[保存]

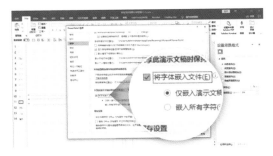

STEP04
勾选[将字体嵌入文件]

STEP05
点击[确定]即可

原因⁺

嵌入PPT中所使用的字体，能够避免接收者电脑未安装相应字体，而导致字体丢失的问题，从而保持良好的显示效果。

STEP01
依次点击[插入]、[形状]

STEP02
先选中文本框，再选中形状

STEP03
点击[形状格式]

STEP04
点击[合并形状]旁的小三角

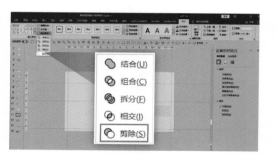

STEP05
点击[剪除]即可

原因+

有些字体由于版权限制，我们无法将其嵌入PPT，为了避免字体丢失，保持良好的显示效果，可以通过将字体矢量化、图片化等方法，来"嵌入"这些字体。

01.布尔运算矢量法　　02.插件矢量法　　03.插件转图法

无法嵌入的字体的处理方法

原因 +

有些时候，一些字体无法跟随PPT一起嵌入。这时，就需要通过将字体矢量化（转为形状）或是转为图片的方法，来保证字体的显示效果。

注：该操作需要使用第三方插件iSlide完成，各位可自行搜索并安装插件。

操作方法 +

STEP01
选中要矢量化的文字所在的文本框

STEP02
在iSlide插件中点击[设计工具]

STEP03
在[设计工具]窗格中点击[文字矢量化]

01.布尔运算矢量法　　02.插件矢量法　　03.插件转图法

原因⁺

有些时候，我们自己下载的一些字体，无法跟随PPT一起嵌入。这时，就需要通过将字体矢量化（转为形状），或者转为图片的方法，来保证字体的显示效果。

注：该操作需要使用第三方插件Onekey Tools（以下简称OK插件）完成，各位可自行搜索并安装插件。

操作方法⁺

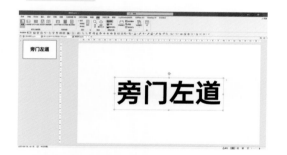

STEP01
选中要矢量化的文字所在的文本框

STEP02
在OK插件中点击[一键转图]

STEP03
在下拉菜单中选择[原位转PNG]

01.布尔运算矢量法　02.插件矢量法　03.插件转图法

检查高低版本间的兼容性

原因 +

由于低版本的 Office 不支持部分高版本的动画/切换效果或一些特色功能，因此，为了避免影响演示效果，在保存之前可以先检查一下。

操作方法 +

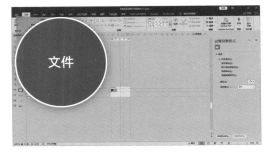

STEP01
点击[文件]

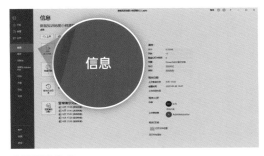

STEP02
点击[信息]

STEP03
先点击[检查问题]，再点击[检查兼容性]

STEP01
点击[文件]

STEP02
点击[另存为]

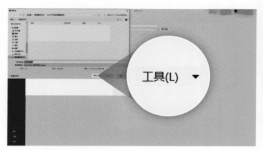

STEP03
点击[工具]的下拉小三角

STEP04
选择[压缩图片]

STEP05
选择合适的分辨率

原因 ＋

有时因为PPT中使用的图片质量过高，导致PPT文件体积大幅增加。为了便于传输，我们可以对PPT文件进行压缩。

提炼大段文字的方法

传统的智能家居产品价格普遍比较昂贵，而且安装起来比较困难，需要专业的技术人员进行协助。另外，对一些不太了解电子产品的中老年人来说，传统智能家居产品上手使用也较为麻烦。

小米智能家居，旨在为用户提供一系列性价比高、安装容易、使用简单的智能家庭硬件产品，来解决传统智能家居产品的痛点，为用户提供更好的体验。

论点　**论据**

传统的智能家居产品价格普遍比较昂贵，而且安装起来比较困难，需要专业的技术人员进行协助。另外，对一些不太了解电子产品的中老年人来说，传统智能家居产品上手使用也较为麻烦。

小米智能家居，旨在为用户提供一系列性价比高、安装简单、使用方便的智能家庭硬件产品，来解决传统智能家居产品的痛点，为用户提供更好的体验。

论点　**论据**

传统的智能家居产品价格　　昂贵　　安装　　困难

上手使　　用　　麻烦

小米智能家居，　　　　性价比高、安装简单、使用方便　　解决传统智能家居产品的痛点，为用户提供更好的体验。

STEP01
原图

STEP02
圈出论点、论据

STEP03
删去不必要的信息

论点

解决传统智能家居痛点
为用户提供更好的产品体验

论据

传统智能家居产品

价格昂贵　　安装困难　　使用麻烦

小米智能家居产品

性价比高　　安装简单　　使用方便

解决传统智能家居痛点
为用户提供更好的产品体验

传统智能家居产品

价格昂贵　　安装困难　　使用麻烦

小米智能家居产品

性价比高　安装简单　使用方便

原因[+]

当PPT中出现很多大段文字时，会让观众难以快速阅读和理解，甚至丧失观看的欲望。因此，我们需要对大段文字进行提炼，以更好地传达内容。

STEP04
提炼论点、论据

STEP05
添加文字和修饰即可完成

演讲型PPT⁺

页面上文字数量的多少，需要根据PPT的风格特点和应用场景而定。一般来说，演讲型PPT的风格特点是简约、字少、图多、动画炫酷，主要应用于一些大型的产品发布会或者个人演讲。

△ 某手机产品发布会

确定PPT页面文字多少的方法

阅读型PPT⁺

页面上文字数量的多少，需要根据PPT的风格特点和应用场景而定。一般来说，阅读型PPT的风格特点是文字、数据、图表和图片等内容较多，主要应用于数据报告、工作汇报、答辩和路演等。

使用具有感染力的口号

新手在制作PPT时，习惯了套模板，或者使用千篇一律的描述性标题，如"某某年度工作汇报"等，这类标题看多了，难免乏味。其实，我们完全可以将这类标题换成富有感染力的口号，在开场营造一个良好的氛围。

❌ **BEFORE**
普通而千篇一律的模板标题

✅ **AFTER**
可以改为更有气势的"新起点　新征途"的口号

使用引人好奇的疑问句

除了使用富有感染力的口号之外，在进行一些演讲、述职、汇报时，我们还可以将平淡的标题改写成一个引人好奇的疑问句，从而吸引观众注意。

个人述职报告

汇报人 | Abbott

 **BEFORE**

 **AFTER**

可以改为"这几个月我都做了什么？"

我们在撰写内容页的标题时，可能会犯和封面页标题一样的错误——标题只是对内容的概括而已。

其实，我们完全可以将这一页面中的重要观点或结论，提炼成一个标题，这样观众能够一眼获取我们的结论，方便观众快速理解页面内容。

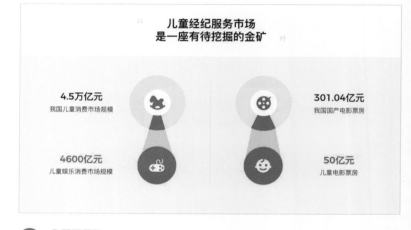

❌ **BEFORE**

概括型的标题，看不出结论

✅ **AFTER**

可以改为"儿童经纪服务市场是一座有待挖掘的金矿"

让观点更加生动形象的两个技巧

使用类比[+]

如果我们直接将专业名词、内容复制粘贴到PPT中，其实会造成观众的阅读障碍，让观众难以理解，也就难以给观众留下深刻的印象。

其实，我们完全可以使用类比方法，将专业词汇换成通俗易懂的语言或事物，这样更有利于观众理解和记忆。

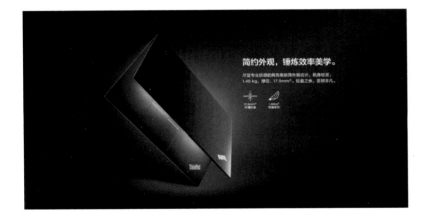

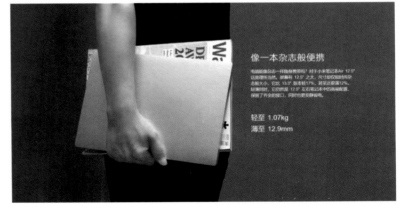

✖ BEFORE
过于抽象，难以形成可视化印象

✔ AFTER
将电脑和杂志类比，一下子让人记住"轻""薄"的特点

构建场景⁺

除了使用类比，我们还可以通过将抽象概念换成具象化或常见的、便于想象的场景，来替代过于晦涩难懂的名词或内容，以帮助观众快速理解和记忆。

充电5分钟,通话2小时

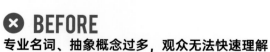 **BEFORE**
专业名词、抽象概念过多，观众无法快速理解

✓ **AFTER**
可以将电量参数，换成"充电 5 分钟，通话 2 小时"

让观众眼前一亮的金句句式

ABBA句式⁺

当句子中有两个相同的词语，同时出现在不同句子中的不同位置时，我们可以通过改变词语A和词语B的位置，来创造金句，如右图。

没有什么武器可以俘获爱情，爱情本来就是武器
　　　　　Ⓐ　　　　Ⓑ　Ⓑ　　　　　Ⓐ

具体的应用方法有4种：

- 重新定义法
- 词语翻转法
- 从属关系法
- 主动和被动调换

重新定义法
推翻之前的概念，重新定义一个新的概念

词语翻转法
把前半句的词语，反过来进行表达。

ABBA句式

当句子中有两个相同的词语，同时出现在不同句子中的不同位置时，我们可以通过改变词语A和词语B的位置，来创造金句，如右图。

没有什么武器可以俘获爱情，爱情本来就是武器

具体的应用方法有4种：

- 重新定义法
- 从属关系法
- 词语翻转法
- 主动和被动调换

公司从来不属于哪一个CEO，但CEO永远都属于公司

从属关系法
改变AB元素的从属关系

给岁月以文明，而不是给文明以岁月

主动和被动调换
调换AB元素的主被动关系

ABAC句式⁺

与ABBA句式不同的地方在于，它多一个新的词语。通过将句子中两个关键词语之一，换成这个新的词语，来创造金句，如右图。

普通人的早起是自律，牛人的早起是习惯
A   B   A   C

具体的应用方法有2种：

· 观点对比法
· 观点升级法

不要问你是否适合这个职业
因为有多少人选择坚持
就有多少人选择放弃

别人这么努力是为了生活，我这么努力是为了生存

观点对比法
将"坚持"和"放弃"进行对比

观点升级法
将"生活"升级为"生存"

关联词句式 +

通过上半句和下半句尾字的押韵、为关键词添加新的定语或者更换为另一个新的词语，来创造金句。

金字塔结构

金字塔结构是PPT演讲中最常用的结构形式，也可以理解为总分结构。这种结构的特点是结构清晰，且容易掌握。很多产品介绍或产品发布会的结构，都是这种。

需要注意的是，当使用金字塔结构时，所要表达的论据不能过多，一般来讲尽量不要超过4个，以便于观众记忆。

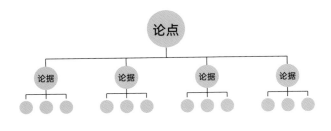

△ 结构图示

△ 某手机发布会

黄金圈结构⁺

黄金圈结构，是由内向外的一种思维结构，即在表达一件事情时，先把原因说出来，因为最能打动人的，恰恰是你的信念，你之所以要做这件事情的理由。

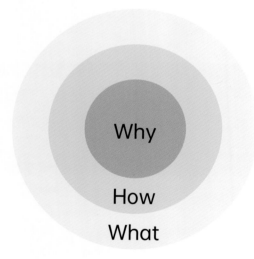

Why

How

What

示例：我们为某出行品牌定制的PPT

Why：我们为什么要做这样一家出行企业？

· 用户出行的基本诉求远远没有被满足
· 目前，出行企业的商业模式存在问题
· 我们希望能够为用户提供更好的出行体验

How：我们是如何做的呢？

· 我们研发了一套智能出行控制系统
· 我们重新整合了司机侧的运力来源

What：我们的服务，都有哪些特点呢？

· 出行更有安全感
· 高峰时期不溢价
· 车内环境体验更佳

让PPT内容更有说服力的3种结构

时间轴结构

以一条清晰的时间轴，贯穿整个PPT内容，将所需的信息，按照时间关系进行排序。

示例：我们为某传统电商企业CEO定制的PPT

过去7年：我们是如何发展起来的?

- 因抓住电商红利期，获得第一桶金
- 多种因素的加持，促进了企业的快速成长

现在：对当前市场形势的分析

- 平台的流量逐渐消失，流量获取成本过高
- 变革转型，是整个电商平台的趋势

未来：关于企业转型的展望

- 变则通，不变则败
- 抓住未来的机会，能为企业注入更多活力

过去 —— 现在 —— 未来

STEP01
原图

STEP02
绘制一个和页面一样大的矩形

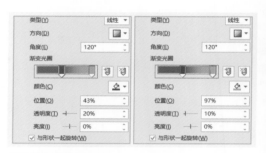

STEP03
选中形状后，在[绘图工具]中的[形状样式]里，设置这个矩形的颜色和透明度

原因⁺

添加蒙版，能够很好地对不够美观的背景图进行一定程度的遮挡和弱化。同时，合理的渐变色也能营造出很好的视觉效果。

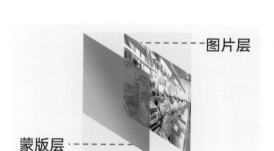

图片层

蒙版层

STEP04
将蒙版置于图片上层

铸造企业核心竞争力

移动通信设备有限公司

STEP05
添加文字和修饰

01.添加蒙版法   02.花式裁剪法   03.后期处理法

处理丑图的3大方法

STEP01

原图

STEP02

右键单击该图片，选择[剪裁]，用鼠标拖动两侧黑色控制条，确定裁剪区域

STEP03

最终效果

STEP01

原图

STEP02

裁剪并保留图片左侧部分，之后复制一份并水平翻转，和左侧图片拼接组成新图

STEP03

最终效果

01.添加蒙版法　　02.花式裁剪法　　03.后期处理法

STEP01
原图

STEP02
右键单击图片，选择[设置图片格式]，在
[图片]中选择[图片颜色]，调整饱和度

STEP03
最终效果

STEP01
原图

STEP02
单击图片，选择[格式]，在[艺术效果]中选
择[虚化]，并调整相关数值

STEP03
最终效果

01.添加蒙版法　　02.花式裁剪法　　03.后期处理法

通过重新着色让图片匹配主题色

STEP01
原稿：背景图和主题色青色不匹配

STEP02
选中图片，点击[格式]，再点击[颜色]

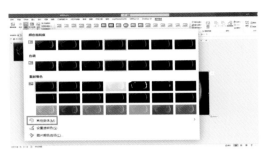

STEP03
点击[其他变体]

STEP04
设置图片的颜色为青色

STEP05
最终效果

原因⁺

当我们寻找到的图片和PPT本身的主题色不匹配时，为了避免色彩上的冲突，可以使用重新着色的方法，调整图片使其整体风格更加和谐一致。

STEP01
原图

STEP02
进行重新排版

STEP03
加入样机

STEP04
加入细节，增强层次感

STEP05
用色块突出重点信息

原因+

为了让内容更有说服力，增强真实性，我们会在PPT中使用截图来作为佐证和说明。但只是简单地放上截图，会不太美观。这时，我们可以通过植入样机、模糊或者添加背景元素等方式，对截图进行美化。

01.借用样机将截图植入场景　　02.放大且模糊图片　　03.为界面添加背景元素

让截图更加美观的3个技巧

STEP01
原图

STEP02
进行重新排版

STEP03
点击[图片格式]下的[艺术效果]

STEP04
点击 [虚化]并设置数值

STEP05
插入海报图片，绘制修饰图形

原因⁺

为了让内容更有说服力，增强真实性，我们会在PPT中使用截图来作为佐证和说明。但只是简单地放上截图，会不太美观。这时，我们可以通过植入样机、模糊或者添加背景元素等方式，对截图进行美化。

01.借用样机将截图植入场景　　02.放大且模糊图片　　03.为界面添加背景元素

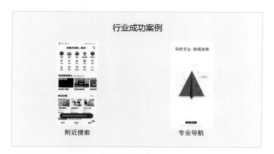

STEP01
原图

STEP02
加入样机

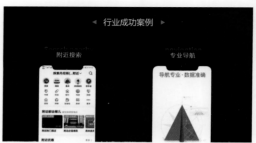

STEP03
加入背景图片

STEP04
加入背景元素

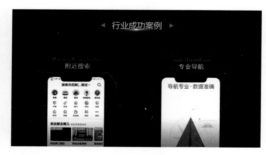

STEP05
丰富细节

原因﹢

为了让内容更有说服力，增强真实性，我们会在PPT中使用截图来作为佐证和说明。但只是简单地放上截图，会不太美观。这时，我们可以通过植入样机、模糊或者添加背景元素等方式，对截图进行美化。

01.借用样机将截图植入场景　　02.放大且模糊图片　　03.为界面添加背景元素

"青年人是早晨八九点钟的太阳"

青年+清晨

STEP01
插入文案

STEP02
发散思维

STEP03
最终效果

四万平方千米

减少土地污染

辽阔+绿色

STEP01
插入文案

STEP02
发散思维

STEP03
最终效果

PPT知识图谱

SLIDE KNOWLEDGE GRAPH

諾基亚公司战略转型失误
引发的思考
————————

选准战略转型的方向
远比在宏观上投入多少资金更为重要

思考者

STEP01
插入文案

STEP02
用具体的元素来表现出抽象化概念

STEP03
最终效果

SAP Hybris 营销策略解决方案
打 造 无 与 伦 比 的 客 户 体 验

策略>棋盘

STEP01
插入文案

STEP02
用具体的元素来表现出抽象化概念

STEP03
最终效果

01.关键词搜图法　　02.具象式搜图法　　03.场景式搜图法　　04.结果式搜图法　　05.情绪式搜图法

博弈

———

Ben polak

耶鲁大学公开课

博弈 > 羚羊

STEP01

插入文案

STEP02

用具象的山羊顶角的场景，来表现出博弈这一抽象概念

STEP03

最终效果

强强联手

打造品牌战略合作联盟体系
提升核心竞争力

———

强强
联手 > 握手
场景

STEP01

插入文案

STEP02

利用握手这一场景，表现合作共赢的概念

STEP03

最终效果

01.关键词搜图法   02.具象式搜图法   03.场景式搜图法   04.结果式搜图法   05.情绪式搜图法

PPT知识图谱

SLIDE KNOWLEDGE GRAPH

智能升级
物流自动化分拣系统的应用

智能
升级 **>** 自动
分拣

STEP01
插入文案

STEP02
用自动分拣表现智能的概念

STEP03
最终效果

和"够分量"的日子说再见

健身>纤瘦

和够分量的日子
说再见

清一健将

STEP01
插入文案

STEP02
可以使用纤瘦表现健身的概念

STEP03
最终效果

优质服务，
不断提高用户满意度

- 成立客户服务中心
- 推出"服务之星"评选
- 完善VIP客户专人管理制度
- 不断提升工作效率与服务水平

满意 > 微笑

STEP01
插入文案

STEP02
根据内容所传达的情绪搜索相应的关键词

STEP03
最终效果

直 击 用 户 痛 点

生 产 力 倍 速 提 高 !

———

为您提供最佳的办公解决方案，帮助
您的事业更上一层楼

痛点 > 苦恼

STEP01
插入文案

STEP02
表现用户痛点的概念，表现苦恼的情绪

STEP03
最终效果

01.关键词搜图法　　02.具象式搜图法　　03.场景式搜图法　　04.结果式搜图法　　05.情绪式搜图法

图片与内容无关 +

很多PPT新手在制作PPT时，因为觉得页面有些单调，就随意地添加图片，有些图片甚至和内容毫无关联。这样会造成两个后果，一是很容易分散观众的注意力；二是会让观众产生疑惑，影响对内容的理解。

⊗ BEFORE

"青草"与"新同学"有什么关系呢？

✓ AFTER

将图片换成大学教室，呼应"新同学"和"迎新班会"

画面过于杂乱

PPT的基本功能，是有效地传达信息。但如果我们使用的背景图片，画面中的元素过于杂乱，则会影响观众对内容的识别，造成一定的阅读障碍。因此，一定要尽量使用简约干净的背景，或者使用蒙版等对较为复杂的背景进行弱化。

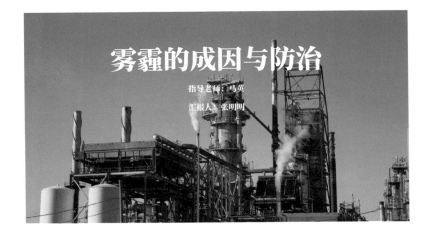

⊗ BEFORE

图片中元素过多，会影响文字识别

✓ AFTER

在与内容主题呼应的情况下，替换为更加简约干净的背景图

视觉朝向错误 +

当PPT中出现人物肖像时，我们在排版时要尤其注意一个细节——人物视线的朝向。因为人物本身较为吸引眼球，而观众在阅读内容时，也会朝向文字，而不是画面之外。

FASHION
SHOPPING QUEEN

Famous internet celebrities
Fashion critic
Famous designer

———

She has won 39 international
awards, participated in dozens
of super popular variety shows,
and spoke for more than 50
well-known brands.

FASHION
SHOPPING QUEEN

Famous internet celebrities
Fashion critic
Famous designer

———

She has won 39 international
awards, participated in dozens
of super popular variety shows,
and spoke for more than 50
well-known brands.

 BEFORE

✓ **AFTER**
将人物图片与内容位置互换，观众视线自然被引向内容

4个PPT配图中的巨坑

情绪传达不当

在为PPT配图时，还应考虑PPT的内容主题和应用场景，因为这两个因素会在很大程度上决定我们所要选取的图片的情绪风格。

❌ **BEFORE**

✅ **AFTER**
使用一张阳光明媚的城市清晨图片，更符合主题气质

提取关键词作为背景元素

当我们在制作商务风或者白色背景的PPT时，可能会觉得背景过于单调。这个时候，其实我们可以提取内容中的一些关键词，作为修饰性的背景元素。

❌ **BEFORE**
页面很简约，但不够丰富

✅ **AFTER**
提取"HR"作为关键词，用"领带"代表"HR"填充到背景中

图库网站推荐

 **PEXELS**

.com **HIPPOPX**

.com **PIXABAY**

.com **UNSPLASH**

 **STOCKSNAP**

 **COLORHUB**

从企业VI中提取配色

什么是 VI 呢？它的学名叫作视觉识别系统，比如我们常见的品牌 LOGO、品牌专用字体、品牌标准色等，都属于企业 VI 的范畴。一些较大的企业都有完整的 VI 系统，里面一般都会有品牌色彩搭配方案，并附有详细的使用说明。

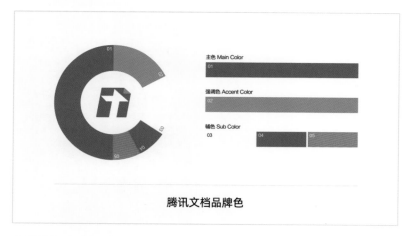

腾讯文档品牌色

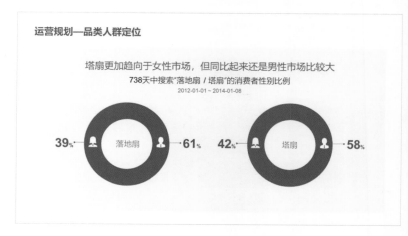

示例
腾讯文档品牌色

示例
利用腾讯文档品牌色，制作的商务风PPT页面

快速搭出优质配色的3种方法

从行业图片中提取配色

如果没有企业 VI 方案，从相同行业的图片中提取配色，既能符合行业调性，也能借鉴优质的配色方案。
例如，当我们设计一些科技风的PPT时，就可以从一些科技网站的图片中提取配色。

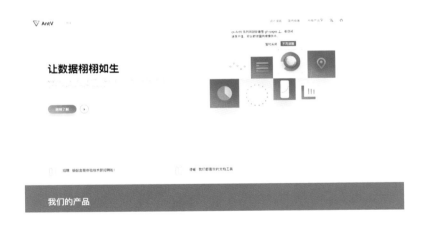

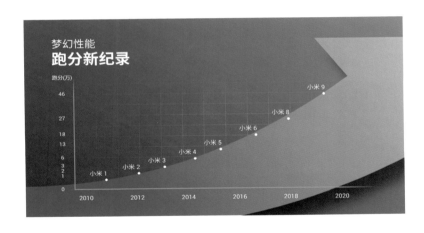

示例
某科技网站主页

示例
从主页中提取配色制作的PPT页面

从设计作品中提取配色

从一些设计作品中提取配色，也是经常使用的配色方法之一。

我们一方面可以积累一些配色优质的设计作品；另一方面，当有急需之时，也可以通过快速搜集一些相关风格/主题的作品，提取其中的配色。

示例
某 UI 设计配色方案

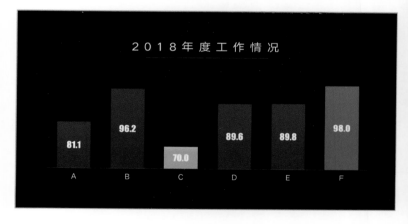

示例
将该配色方案应用到PPT中的效果

单色系配色法

单色系配色法，即利用经典百搭的黑色、白色、灰色之外，再使用另一种颜色作为主色，所组成的配色方案。
在很多商务风、简约风的PPT作品中，都可以采用这种配色方法，以使PPT看起来更加简约、整洁。

黑色 | 白色 | 灰色 | 任意颜色

图解
单色系配色法

示例
单色系配色法在商务风PPT中的应用

相近色配色法⁺

所谓相近色，即在色环上夹角为60°以内的颜色。

相近色配色法，就是采用多个在色环上距离相近的颜色进行搭配，使PPT的色彩更加丰富，且和谐美观。

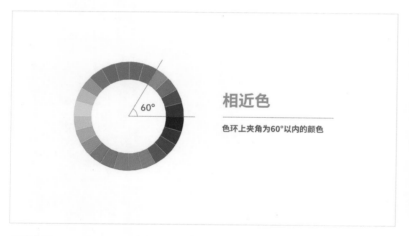

图解
相近色配色法

示例
相近色配色法在商务风PPT中的应用

对比色配色法

所谓对比色，即在色环上夹角为120°~180°以内的颜色。
对比色配色法，即从色环上选取夹角介于 120° ~ 180° 之间的颜色，夹角度数越大，对比越强烈。

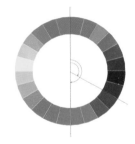

对比色

色环上夹角为120°-180°的颜色

图解
对比色配色法

示例
对比色配色法在运动风PPT中的应用

三角色配色法

三角色的使用方法是，在色环上画一个等边三角形，三个顶点所在的颜色，就是三角色。
三角色所取的颜色对比性不会过于强烈，看起来更加舒适。因此，在制作多彩的PPT时可以应用。

三角色

在色环上画一个等边三角形
选取三个顶点所在的颜色

海外支持

针对海外现有客户提供
良好的售后支持，以及
特殊临时工作安排

技能提升

根据目前公司海外重心
业务，储备并培养相应
的技能和管理人才

OEM客户支持

针对目前国内代工贴牌
客户机型销量的提升，
制定周全的售后服务制
度和效率

图解
三角色配色法

示例
三角色配色法在PPT中的应用

什么叫作明度？简单来说，就是色彩的亮度。像红色，会分为深红和浅红，其中，深红可以理解为明度较低，所以，颜色才会很深，而浅红就是明度较高。

当我们在彩色背景或者图片背景上添加文字时，为了保证文字清晰可辨，通常就要求背景和文字颜色之间存在一定的反差。

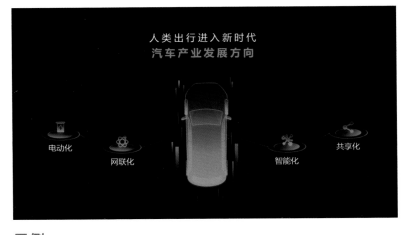

示例
浅色背景+深色文字

示例
深色背景+浅色文字

01.明度配色法　　02.软件自带色彩库　　03.取色器取色法

配色方法优点

可一键替换主题色

STEP01
点击[设计]

STEP02
点击[变体]的下拉箭头

STEP03
点击[颜色]

STEP04
选择预置的配色方案

示例

01.明度配色法　　02.软件自带色彩库　　03.取色器取色法

STEP01
插入图片

RGB
57,132,218

STEP02
用取色器从图片中取色

毕业旅行
最佳出行目的地

STEP03
为文字应用颜色

STEP01
插入图片

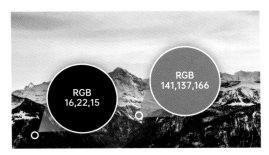

RGB
16,22,15

RGB
141,137,166

STEP02
用取色器从图片中取色

越过群山
OVER THE MOUNTAINS

STEP03
为文字应用颜色

01.明度配色法　　02.软件自带色彩库　　03.取色器取色法

相近色配色法⁺

所谓相近色，就是指在色环上夹角为60°以内的颜色。
因为颜色相近，所以在设置渐变色时，视觉上会显得非常自然，过渡流畅。

示例
相近色配色法在PPT中的渐变应用

示例
相近色配色法在PPT中的渐变应用

颜色叠加法+

由于PPT自带的渐变方式和类型有限，无法制作出很自然的多色渐变。因此，就需要使用颜色叠加法。

所谓颜色叠加法，就是通过多个渐变的叠加，来营造出更加绚丽多彩的渐变背景。在一些手机品牌的发布会中，我们也经常能看到这类背景的应用。

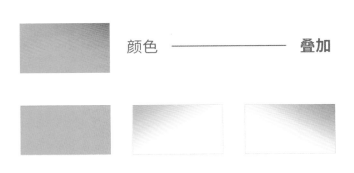

颜色 —————— 叠加

6.21" ≈ 传统 5.5"

175g 轻薄机身
154.9mm x 74.8mm x 7.6mm
6.21英寸 18.7:9全面屏，相当于5.5英寸传统手机大小

注
颜色叠加法图解

示例
颜色叠加法在PPT中的渐变应用

遮挡干扰信息

有时，由于找不到更优质的背景图或者甲方、领导不允许我们更换内容杂乱的背景图时，我们会遇到背景图干扰文字呈现的情况。这时候，我们就可以在图片上方，绘制一个渐变蒙版，从而遮挡图片中的干扰信息，让文字更加突出，便于观众阅读。

示例
背景图干扰文字阅读

解决方法
添加渐变蒙版遮挡背景图

渐变的3种应用场景

表现动态变化⁺

在总结汇报或者产品发布的PPT中，为了展现数据亮点，我们经常会使用一些数据图表。

如果只是使用一些默认的图表样式，则会显得有些单调。其实，我们完全可以给一些重点数据添加渐变，从而更加形象生动地表现出动态变化的感觉，也能营造出更好的视觉效果。

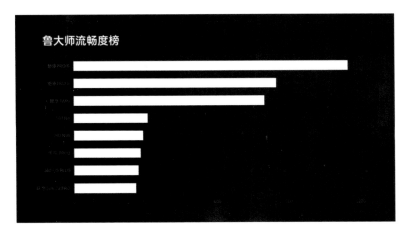

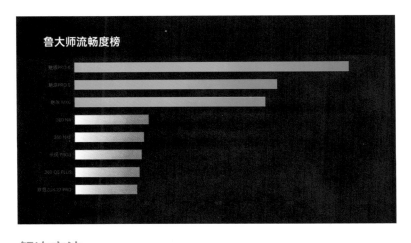

示例
图表过于单调

解决方法
为条形添加渐变营造动态感，表现"流畅"这一概念

丰富背景效果⁺

虽然纯色风的PPT简约干净，但看多了难免会有些单调，让观众提不起兴趣。这时候，我们其实可以添加一个渐变来丰富页面背景，营造出良好的视觉效果。

示例
背景过于单调

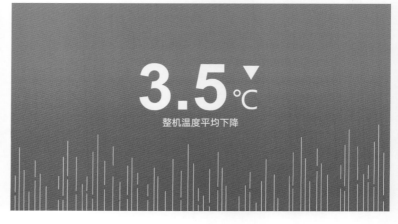

解决方法
添加渐变丰富背景，表现内容含义

🖥.com **千图网配色工具**

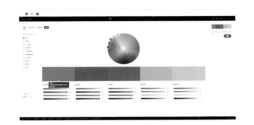

🖥.com **ADOBE COLOR CC**

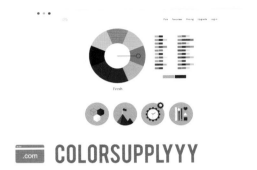

🖥.com **COLORSUPPLYYY**

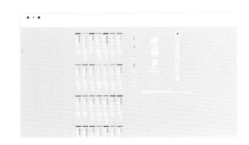

🖥.com **中国色**

🖥.com **COLORHUNT**

🖥.com **UIGRADIENTS**

了解字体类型

衬线体的笔画粗细不同，在起笔、落笔处有笔锋修饰，比如最常见的宋体。

古典、庄重、大气

非衬线体的笔画粗细相同，在起笔落笔处没有修饰，比如最常见的黑体。

时尚、简约、现代

衬线体示例场景
中国风PPT

非衬线体示例场景
科技风PPT

把握字体气质

笔画较粗字体的气质

硬朗、力量、男性、稳重

笔画较细字体的气质

纤弱、女性、轻盈、精致

示例场景
学术风PPT

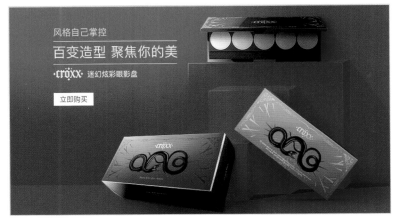

示例场景
彩妆电商产品

"高低高"型排版

"高低"型排版

"左右左右"型排版

"高低低中"型排版

STEP01
插入图片，并拉伸图片至铺满全屏

STEP02
插入渐变蒙版

渐变光圈01　　渐变光圈02

172,199,128

245,113,172

STEP03
设置渐变蒙版参数

STEP04
插入文字

STEP05
插入人物图片

原因⁺

当我们想让PPT页面更有层次感和趣味性，以吸引观众目光时，通过为文字添加一些叠放的创意效果，会是一个不错的选择。

01.将图片和文字部分区域相交　　02.用矢量图标替换部分文字笔画

STEP01
原稿

STEP02
插入一个形状

STEP03
依次选中文字和形状并执行拆分

STEP04
删除多余的部分

STEP05
插入形状补全文字

原因 +

当我们想让PPT页面上的文字更有设计感，增加页面亮点时，对文字笔画进行拆分重组，可以让文字看起来更有创意。

01.将图片和文字部分区域相交　　02.用矢量图标替换部分文字笔画

*商用请注意版权

Aa 金梅宇含毛楷

Aa 大髭

Aa 白舟魂心

Aa 默陌山魂手迹

Aa 日文毛笔

Aa 李旭科毛笔行书

*商用请注意版权

Aa 段宁毛笔行书

Aa 今昔豪龙

Aa 汉仪尚巍手书

Aa 方正吕建德字体

Aa 禹卫书法行书简体

Aa 庞门正道粗书体

英文字体推荐

*商用请注意版权

Aa AIDEEP

Aa BLACKHAWK

Aa DEADLIST

Aa FACON

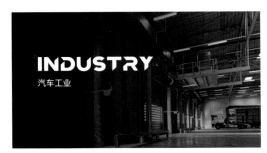

Aa FRIZON

Aa QUANTUM

*商用请注意版权

Aa **R&C DEMO**

Aa **TOURMALINE EVOLUTION**

Aa **BEBAS**

Aa **VERMIN VIBES**

Aa **IMPACT**

Aa **AXIS**

大厂出品	站酷出品	专业字库出品	个人字体设计师出品
OPPO Sans	站酷高端黑	汉仪贤二体	庞门正道标题体
阿里巴巴普惠体	站酷酷黑体	联盟起艺卢帅正锐黑体	庞门正道粗书体
思源黑体	站酷小薇LOGO体	锐字真言体	庞门正道轻松体
思源宋体	站酷庆科黄油体	演示斜黑体	
	站酷文艺体	优设标题黑	胡晓波男神体
	站酷快乐体		胡晓波真帅体

方正字库

汉仪字库

造字工房

锐字潮牌字库

文悦字库

腾祥字库

01.从官方字库下载　　02.从第三方网站下载

字体下载方法

*以字体天下网为例

虽然提供字体下载的网站很多，但还是建议大家尽量到官方网站下载。另外，如果要商业使用，一定要购买版权。

STEP01
进入网站

STEP02
搜索想要的字体

STEP03
点击[本地下载]

01.从官方字库下载   02.从第三方网站下载

PPT知识图谱

STEP01
选中要安装的字体

STEP02
单击鼠标右键，选择[安装]

STEP03
等待字体安装完成即可

STEP01
选中要安装的字体并复制

STEP02
打开C盘下的Windows\Fonts文件夹

STEP03
粘贴字体后即可自动安装

半屏色块法

在制作大多数职场PPT时，我们并不会花很多的精力去修饰一页PPT，因为这太耗时间了。
但其实你知道吗，我们只需要用最基础的色块，就能快速提升PPT美感，比如半屏色块法。

什么叫半屏色块呢？简单点来说，就是不要让色块铺满整个屏幕，而是只占用一部分。

以下图为例，我们只需要缩小底部黄色的色块，然后简单地对内容进行处理，把重点放大，整齐地排列在页面上即可。

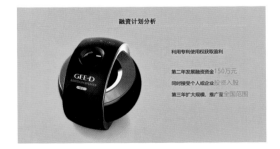

STEP01
原稿

STEP02
绘制半屏色块

STEP03
最终效果

衬底色块法⁺

什么是衬底色块法呢?
简单来说，就是在内容这一层的下方，添加一个色块。

使用这个方法，对于PPT排版而言，有两个作用:

1.强调页面重点
2.保持视觉统一

STEP01
原稿

STEP02
去除多余元素和效果

STEP03
绘制衬底色块

色块拼接法 +

我们经常会在同一页PPT中呈现很多的内容，那么，该如何快速地对这些内容进行排版设计呢？

这时，我们就可以利用色块拼接法，基于页面上内容段落数量和字数多少，来规划不同的色块大小。

另外，我们还可以让相邻的色块在颜色上具有一定的差异，以便进行视觉区分。

STEP01
原稿

STEP02
绘制色块

STEP03
最终效果

STEP01
原稿

STEP02
分析内容板块

STEP03
重排文字元素

STEP04
添加线框

STEP05
调整图文位置

原因+

当PPT页面上有很多不同类型的内容和元素时，为了让内容看起来更加规整，让版面更具合理性，我们可以通过线条对内容进行界定。

01.界定整体　02.突出焦点　03.页面修饰

线条的3种创意用法

如果我们想让观众注意到页面的某个区域，那么，可以借用线条将其凸显出来，从而形成视觉焦点。

以下图为例，这个页面虽然排版很整齐，但是没有视觉焦点，观众第一眼不知道该看向哪里。

为了能够凸显页面的重点，我们可以借用线条，来形成一个视觉焦点。比如插入一个半封闭的线框。

STEP01
原稿

STEP02
添加背景修饰

STEP03
添加线框

01.界定整体   02.突出焦点   03.页面修饰

有些时候，我们之所以会觉得页面比较平淡，就是因为背景比较单调。

这时候，我们就可以通过在页面上添加线条，来让页面的效果变得更具动感。在很多平面设计案例中都能看到这样的设计。

如下图，我们就可以通过添加一些线条，来丰富页面。

STEP01
原稿

STEP02
更改背景

STEP03
添加线条

01.界定整体　　02.突出焦点　　03.页面修饰

在制作一些总结汇报类PPT时，我们经常会用数据图表来展示一些数据。如果你觉得柱状图过于呆板、枯燥，那么，不妨试试利用圆形。

如下图，我们展示的是一组呈上升趋势的数据，可以使用一些不同尺寸和位置的圆形，来呈现数据的上升和增加。

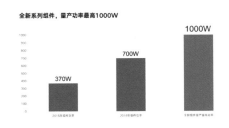

STEP01
原稿

STEP02
提取关键信息

STEP03
绘制渐变圆形并添加文字

01.设计数据图表　　02.表现动态关系　　03.表现总分关系

STEP01
原稿

STEP02
绘制圆形表现动态辐射关系

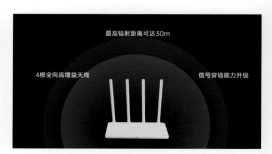

STEP03
最终效果

STEP01
添加线框

STEP02
绘制圆形衬底和圆环装饰

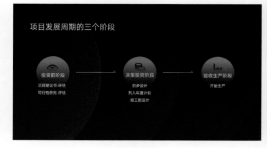

STEP03
绘制圆形表现动态递进关系

01.设计数据图表　　02.表现动态关系　　03.表现总分关系

STEP01
原稿

STEP02
用圆形表现总分关系

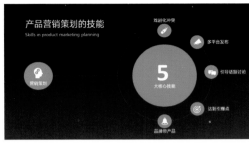

STEP03
最终效果

STEP01
添加线框

STEP02
用圆环分布表现分布关系

STEP03
绘制圆形表现动态递进关系

01.设计数据图表　　02.表现动态关系　　03.表现总分关系

示例

示例

示例

添加光效装饰后

添加光效装饰后

添加光效装饰后

01.装饰页面标题   02.进行板块分割

STEP01
原稿

STEP02
绘制图形，规划版式

STEP03
添加光效素材

STEP04
对图片和图形进行布尔运算

STEP05
对文字进行排版

原因[+]

当PPT页面上呈现了多个板块的内容或元素时，为了增强内容间的对比，让版面逻辑更加清晰，我们可以借助光效作为界限，对内容进行分割。

01.装饰页面标题　　02.进行板块分割

STEP01
原稿

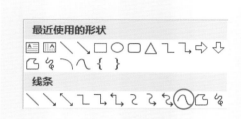

STEP02
找到曲线工具

STEP03
绘制创意图形

STEP04
设置渐变填充参数

STEP05
对内容进行排版

原因

由于PPT软件自带的形状数量和样式有限，当我们想要使用一些更有创意的形状时，可以通过曲线进行自由绘制，发挥更大的创造性。

01.绘制创意形状　　02.绘制时间轴线

曲线的两种创意用法

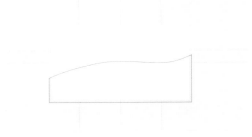

STEP01
原稿

STEP02
找到曲线工具

STEP03
绘制创意形状

原因+

在表现公司发展历程，或者制作项目进展时，为了表现时间概念，我们可以通过曲线，绘制一些引导线，对内容进行串联。

STEP04
设置形状参数

STEP05
对内容进行排版

01.绘制创意形状　　02.绘制时间轴线

绘制不封闭线框

在对PPT上的文字添加修饰时，线框是很常用的一个元素。

但如果只是简单地画条线，难免有些单调。其实，我们可以利用任意多边形工具，绘制一些不封闭的线框，让装饰看起来更有创意。

示例

示例

绘制科技感线条

在设计科技风的PPT时，我们经常会使用能体现科技风的线条元素，作为点缀和装饰。
但有时难以找到合适的素材，或是颜色无法更改。这时，我们就可以利用任意多边形工具，绘制出可编辑的素材，方便后续使用。

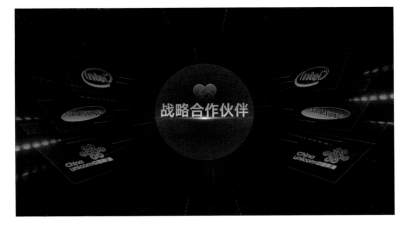

示例

示例

用作内容衬底

在设计PPT时，我们经常会遇到文字内容多的页面。通常情况下，我们会用一些矩形或者圆形，把内容规整起来。但用多了之后，也会有些平淡。

这时候，我们就可以使用更具空间感的立方体，来解决这个问题。

示例

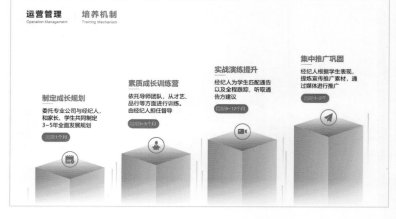

示例

立方体的两种玩法

用作数据图表 +

在使用数据图表展示数据时，如果PPT自带的样式用多了，看起来有些枯燥，不妨试试使用立方体。

如下图，通过使用不同高度和大小的立方体，就可以很好地展示出数据之间的对比。

示例

示例

说明某个细节 +

在设计PPT时，我们使用标注线最多的场景，就是为了突出指示某个细节，这也是标注线最基本的作用——说明某个细节。
恰当地使用标注线，有利于突出重点，便于观众快速获取我们想要突出的信息。

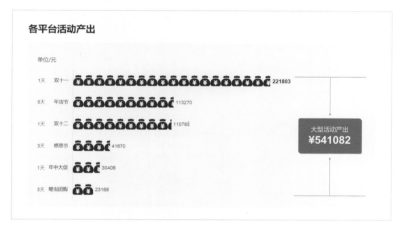

示例

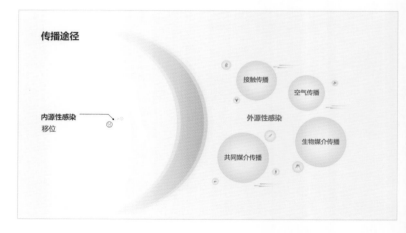

示例

解释某个信息 +

当我们在PPT中使用了难以理解的信息的时候，可以使用标注线来延伸解释它的具体含义。

如下图，通过标注线延伸出对某个部分或者生涩概念的解释，有利于观众更好地理解。

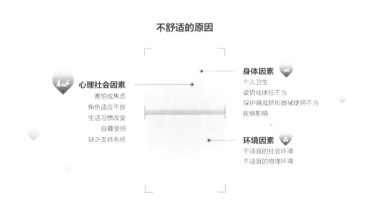

示例

示例

表达抽象概念

如果我们在PPT呈现中牵扯到了一些抽象的概念，那么，同样可以使用标注线来进行解释。

这样一方面能够进一步说明，同时也能起到一定的引导作用。

示例

示例

借助形状规整页面内容

STEP01
原稿

STEP02
绘制圆形色块

STEP03
添加背景图和蒙版

STEP04
设置蒙版参数

STEP05
文字层、蒙版层、图片层位置关系

原因+

当PPT页面上内容很多，或是元素不太规则时，为了让版面看起来更加规整，我们可以通过形状，为内容添加边框、衬底等，让内容在视觉上更加干净整齐。

STEP01
原稿

STEP02
内容重新排版

STEP03
添加小图标装饰

STEP04
绘制形状衬底

STEP05
添加修饰线条

原因+

当PPT页面上内容很多时，为了让内容更有层次，让观众快速获取重点信息。我们可以通过在内容下方绘制形状衬底的方式，增强视觉对比，从而吸引观众的注意力。

01.绘制形状衬底　　02.借助线条分割　　03.使用颜色对比

在PPT设计中，如果一个页面没有重点，那么观众阅读起来会非常吃力，并且很难快速找到我们所要传达的核心内容。

而使用线条框选出重点内容，是最方便的方法之一。

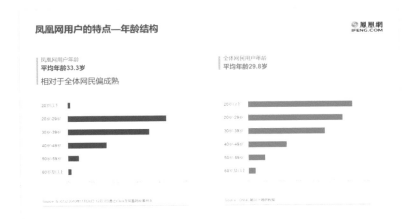

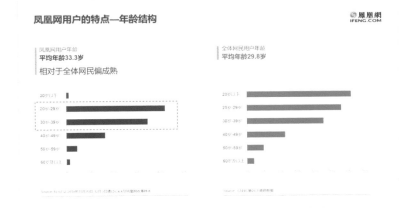

示例

为重点内容添加线框

01.绘制形状衬底   02.借助线条分割   03.使用颜色对比

示例

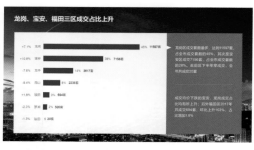

示例

原因

当页面上出现多个并列型的内容时，我们如果想要突出其中的某一个或某一部分，可以通过使用不同的颜色，对重点部分进行突出，对非重点部分进行弱化，增强对比。

更改文字颜色

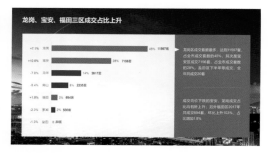

更改条形颜色

01.绘制形状衬底　　02.借助线条分割　　03.使用颜色对比

STEP01
原稿

STEP02
对内容进行排版

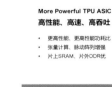

STEP03
更改文字颜色等样式

STEP04
添加修饰，增强科技感

STEP05
最终效果

原因 +

借助一些辅助图形，可以对一些较为抽象的概念、复杂的逻辑进行可视化表达，以便观众更好地理解和记忆。同时也能起到丰富页面视觉效果的作用，增强页面美观性。

01.使用图形表示逻辑关系　　　02.使用图标表达抽象概念

使用小图标释义小标题

使用领带联想HR

使用盾牌代表守护和安全

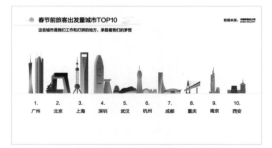

使用地标建筑指代城市

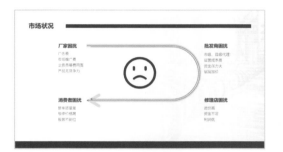

使用苦脸表示市场状况不佳

原因

相对于文字内容来说，观众对图形、图片等内容会更容易识别和记忆，并能留下更深刻的印象。因此，我们可以用一些图片、图标等，对内容进行指代或替换，从而增强可视化效果。

01.使用图形表示逻辑关系　　02.使用图标表达抽象概念

图标的4种应用方法

方法一

制作图标背景纹理

方法二

表现文案视觉含义

方法三

作为页面修饰点缀

方法四

制作创意数据图表

场景⁺

方法一场景：当PPT页面背景较为单调，且没有合适的背景图时，可以使用图标对背景进行丰富。

方法二场景：当PPT页面中出现很多抽象的概念时，使用图标可以有效地将这些概念视觉化呈现，便于观众理解和记忆。

方法三场景：当版面出现大量空白，造成视觉不够均衡时，使用图标可以有效地填补页面空白，丰富视觉效果。

方法四场景：为了避免图表枯燥，引发观众阅读兴趣，可以通过将图标填充到图表里的方法，增强图表趣味性。

.com FLATICON

.com 阿里巴巴矢量图标库

.com ICONMONSTR

.com ILLUSTRIO

.com EVA ICONS

.com EASYICON

数据图表的4大分类

柱形图

条形图

雷达图

折线图

场景+

柱形图：适合分析分类数据或者连续的数据，利用柱形的高度来反映数据的数值差异。

条形图：当维度分类较多，而且维度字段名称又较长时，应选择条形图。因为条形图能够横向布局，所以可方便展示较长的维度项名称。

雷达图：雷达图适用于多维数据（四维以上），一般用来表示某个数据字段的综合情况，数据点一般为6个左右，太多的话辨别起来有困难。

折线图：一般用来显示一段时间内，一个或多个数据系列的趋势变化，当数据带有时间属性时，建议使用。

01.比较关系　　02.分布关系　　03.构成关系　　04.联系关系

直方图是一种表现在连续间隔或是特定时间段内数据分布情况的图表，经常被用在统计学领域。简单来说，直方图描述的是一组数据的频次分布，有助于我们知道数据的分布情况，诸如众数、中位数的大致位置、数据是否存在缺口或异常值等。

散点图显示的是若干数据系列中各数值之间的关系，类似XY轴，判断两变量之间是否存在某种关联。散点图适用于三维数据集，但其中只有两维需要比较。

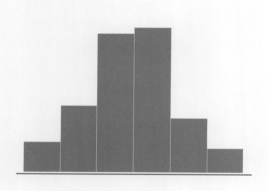

直方图

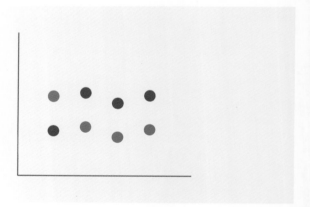

散点图

01.比较关系　　02.分布关系　　03.构成关系　　04.联系关系

数据图表的4大分类

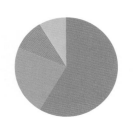

饼图

百分比堆积柱形图

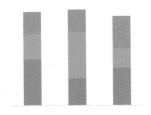

堆积柱形图

堆积面积图

场景⁺

饼图：适用于显示各项数据的大小与各项总和的比例，比如渠道来源、年龄分布等场景。

百分比堆积柱形图：通过矩形高度表示每个子项占当前项的百分比，既能展示大小、分类之间的关系，又能展示比例情况。

堆积柱形图：可以形象地展示一个大分类包含的每个小分类的数据，以及小分类的占比情况，显示的是单个项目与整体之间的关系。

堆积面积图：既能强调数量随时间而变化的程度，也可以显示部分与整体之间（或者是几个数据变量之间）的关系。

01.比较关系　　02.分布关系　　03.构成关系　　04.联系关系

场景⁺

气泡图显示的是不同的值由相应点在图表空间中的位置及符号的大小表示，类似于散点图，有三列数据，前两列数据确定气泡的位置，第三列数据确定气泡的大小。

散点图显示的是若干数据系列中各数值之间的关系，类似XY轴，判断两变量之间是否存在某种关联。散点图适用于三维数据集，但其中只有两维需要比较。

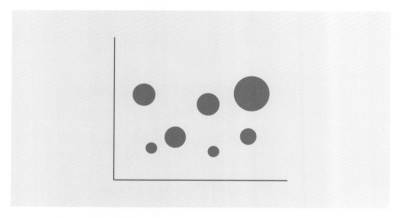

气泡图

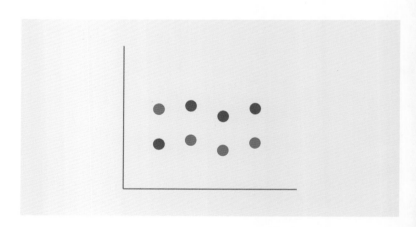

散点图

01.比较关系   02.分布关系   03.构成关系   04.联系关系

原因⁺

新手在PPT中插入图表的时候，经常会使用默认的标题，例如"2019上半年工作情况"，看起来非常平淡无奇，观众需要自行研究图表中的数据，然后重新进行分析，才能获取演讲者想要传达的信息。

其实，我们可以将图表所反映的结论，直接撰写在标题中，方便观众快速获取并理解。

例如，我们可以将"2019上半年工作情况"，改成"2019上半年工作计划已超额完成 部分指标打破以往纪录"，是不是更清晰了呢？

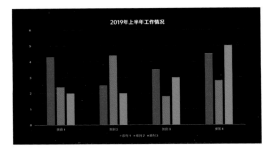

STEP01
原图表

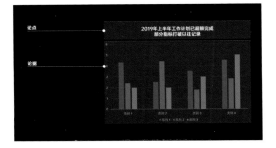

STEP02
将标题改为论点+论据的表达方式

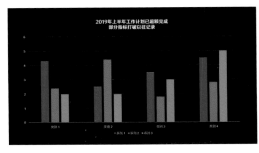

STEP03
最终效果

01.更改标题　　02.颜色对比　　03.线框分割　　04.数据标注

原因⁺

新手在PPT中插入图表的时候，经常会使用默认的图表样式和颜色，这样造成的后果就是，观众一眼扫过去，完全无法了解哪一组数据才是所要展示的重点。

其实，我们可以通过更改重点数据系列的颜色，使这部分数据与其他数据产生对比和区分，从而使观众第一眼就能捕捉到。

STEP01
原图表

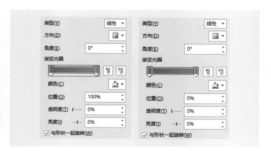

STEP02
设置柱状图的渐变颜色和透明度

STEP03
最终效果

01.更改标题　　02.颜色对比　　03.线框分割　　04.数据标注

4个技巧教你突出图表重点

原因

除了更改数据系列颜色之外，我们还可以使用线框，将想要着重突出的数据系列与其他数据分割开来，从而产生视觉上的差别。

当需要突出的数据较多时，还可以使用多个线框，分别加以突出。

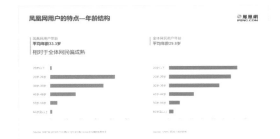

STEP01

原图表

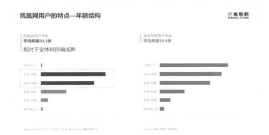

STEP02

为重点数据添加一个线框

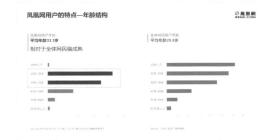

STEP03

最终效果

01.更改标题　　02.颜色对比　　03.线框分割　　04.数据标注

原因+

PPT新手在插入图表时，经常会忽略为图表添加标注这个细节。

除了图表默认的数据标签，我们还可以手动添加、绘制一些引导线和形状等，对数据进行更加详细的说明，这样有利于观众更好地理解，减少观众的思考过程。

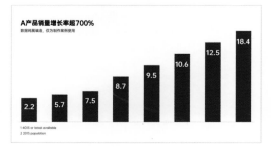

STEP01
原图表

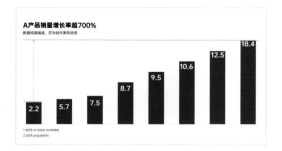

STEP02
尽量把你想表达的数据亮点提炼出来，
在图表上添加一处醒目的标注

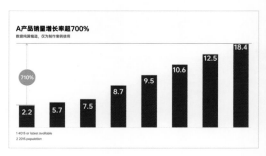

STEP03
最终效果

01.更改标题　　02.颜色对比　　03.线框分割　　04.数据标注

原因

新手在PPT中插入图表时，往往只会使用软件默认的内置样式，看起来十分单调乏味。

其实，我们可以通过一些设计技巧，把图表和图形、图片等结合，这样既能增强场景感和趣味性，吸引观众的注意力，又能让数据更加可视化，加深观众对数据的理解和印象。

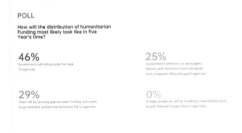

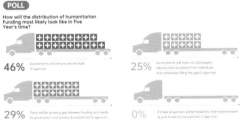

STEP01
原图表

STEP02
把图标和内容场景结合在一起

STEP03
最终效果

01.与图形结合　02.与实物图片结合　03.使用三维旋转　04.添加动画

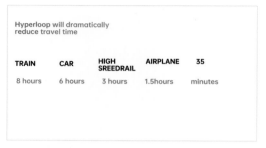

STEP01
原图表

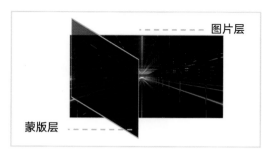

图片层

蒙版层

STEP02
将蒙版置于图片上层

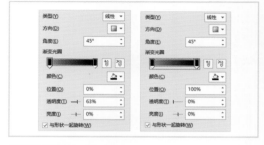

STEP03
设置蒙版颜色和透明度

STEP04
调整透明蒙版

依次点击【绘图工具】中【合并工具】中的【相交】即可
注：必须先选中形状，再执行相交

＋　＝

STEP05
裁切所需要的图片

STEP06
最终效果

01.与图形结合　02.与实物图片结合　03.使用三维旋转　04.添加动画

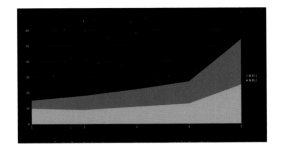

STEP01
原图表

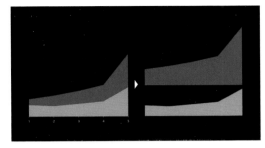

STEP02
将形状矢量化

STEP03
设置蒙版颜色和透明度

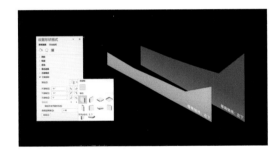

STEP04
设置图表形状三维旋转

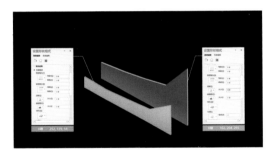

STEP05
调整形状图表深度

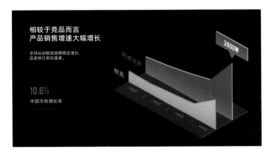

STEP06
最终效果

01.与图形结合   02.与实物图片结合   03.使用三维旋转   04.添加动画

STEP01
原图表

STEP02
依次点击[动画]、[轮子]添加动画

STEP03
将数据拆分成单个数字，并在纵向添加一些数字

原因+

通过添加动画，使图表从静态变为动态，也是增强图表创意性，吸引观众注意力的好方法。同时，还能展现数据的动态变化。

STEP04
上下各添加一个形状做遮挡效果

STEP05
为每一列数字添加直线路径动画让它们滚起来

01.与图形结合　02.与实物图片结合　03.使用三维旋转　04.添加动画

常见信息类型	数字	文本	日期	货币
对齐方式	右对齐	左对齐/居中对齐	采用24小时制，并确保时间格式统一	右对齐，且保持小数点位数一致

示例

公司名称	公司人数	服务商所在地	注册日期	年度交易值（元）
广州市TD计算机系统有限公司	36	广州	2003/01/06	218,392,913.37
上海XF信息技术股份有限公司	1278	上海	1998/12/23	3,397,762.00
北京EFG文化传媒有限公司	106	北京	2005/04/15	1,103,217,580.13
锦州GJ信息技术有限公司	57	锦州	2001/07/26	98,107.91
海南WJLK计算机技术开发有限公司	84	海口	2012/04/02	23,094,165.17

01.调整对齐方式　　02.调整对比方式　　03.可视化

线条对比
线条粗细对比
线条虚实对比

色块对比
色块颜色对比

色彩对比
文字颜色对比
线条色彩对比

方法一

方法二

方法三

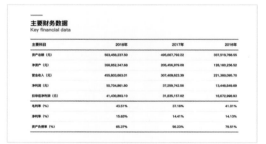

示例
借用线条对比

示例
借用色块对比

示例
借用色彩对比

01.调整对齐方式　　02.调整对比方式　　03.可视化

利用项目符号

方法一

前期准备阶段	● 前期准备阶段
标准执行阶段	● 标准执行阶段
改进提高阶段	● 改进提高阶段
查漏补缺阶段	● 查漏补缺阶段

示例
利用项目符号

利用数据图表

方法二

业绩完成率	业绩完成率
78%	78%
82%	82%
60%	60%
45%	45%

示例
利用数据图表

利用关联图片

方法三

方案讨论阶段	方案撰写阶段	提案汇报阶段

示例
利用关联图片

01.调整对齐方式　　02.调整对比方式　　03.可视化

对比的作用，是呈现出视觉重点。即让观众一眼就能看到页面中的重点内容。

常用方法

方法一
加粗字体

方法二
更改字体

方法三
更改色彩

方法四
借助色块/线条

01.对比   02.对齐   03.亲密   04.重复

释义 +

所谓对齐，就是让页面中的内容沿着某种秩序排列分布。

它的主要作用是让页面的排版更加规则。

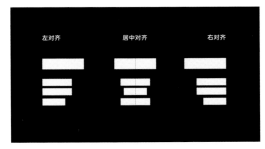

常见的对齐方式

示例
左对齐

示例
居中对齐

示例
右对齐

01.对比　　02.对齐　　03.亲密　　04.重复

释义

所谓亲密，指的是元素之间的距离。
当元素之间的距离较近时，会在视觉上显得更亲密，关联性也越强。当元素之间的距离较远时，关联性就越弱。

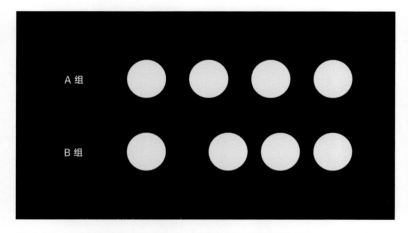

如上图，A组的元素在视觉上的关联性，比B组更强。

三个特点之间的亲密性更强，和标题之间的亲密性弱。

01.对比　　02.对齐　　03.亲密　　04.重复

释义⁺

重复的意思是，让页面中层级相同的内容，按照某些相同的效果重复出现，从而呈现出元素之间的一致性，让整体的视觉风格看起来更加统一。

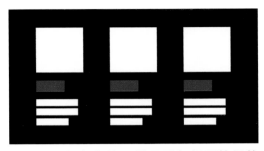

如上图，红色色块，就是重复相同等级的元素。

示例
标题样式重复

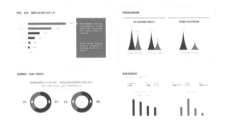

示例
图表配色重复

示例
修饰元素重复

01.对比　02.对齐　03.亲密　04.重复

一般情况下，文字层级越高，字号越大

常用的字号比例

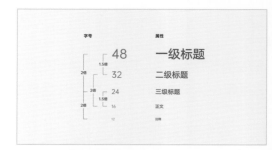

各层级常用的字号

示例

示例

示例

01.不同层级字号固定比例关系　02.设置合理的行间距　03.保持段落两端对齐　04.内容间距小于页边距

标题文字

默认间距

文字较多的段落

1.2倍 ~ 1.5倍

珠海市发思特软件技术
有限公司介绍
COMPANY INTRODUCTION

更好的软件，更快的服务
BETTER SOFTWARE,FASTER SERVICE

2018

一般情况下，对于标题文字，我们使用默认的行间距即可。

对于文字较多的正文段落，合适的行间距一般在1.2倍到1.5倍之间。

示例

示例

示例

示例

01.不同层级字号固定比例关系　02.设置合理的行间距　03.保持段落两端对齐　04.内容间距小于页边距

默认的左对齐方式，在段落中含有数字、英文等内容时，会使得段落右侧显得参差不齐。
而如果我们将段落的对齐方式改为[两端对齐]，就能很好地解决这个问题。

注：此方法仅适用于中文段落，不适用于纯英文的段落。

BEFORE

AFTER

01.不同层级字号固定比例关系　02.设置合理的行间距　03.保持段落两端对齐　04.内容间距小于页边距

当页面上含有多个并列的内容元素时，基于亲密性原则，应该保持内容元素之间的间距小于页面的边距。

这样一方面能增强内容的关联性，另一方面也会让页面在视觉上更加集中。

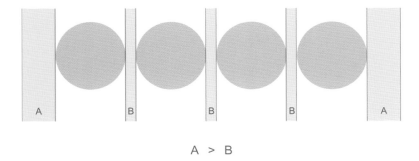

A > B

间距关系图示

目录
CONTENTS

公司概览　　市场定位　　业务板块　　取得成绩

示例

01.不同层级字号固定比例关系　　02.设置合理的行间距　　03.保持段落两端对齐　　04.内容间距小于页边距

释义⁺

简单来说，就是保持一整套幻灯片中，字体和色彩的统一。

我们可以在设计 PPT 之前，提前设定好主题颜色和字体。

01.统一视觉主题　02.统一图形样式　03.统一素材图片

让PPT风格更加统一的方法

释义

简单点说，就是页面上使用到的一些图形
或者线条，当它们连续出现在页面中时，
像出现在标题里，或者页面周围等，都可
以很好地统一视觉风格。

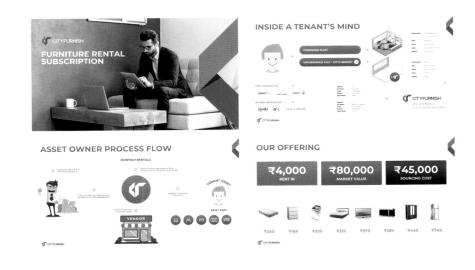

01.统一视觉主题   02.统一图形样式   03.统一素材图片

示例
统一使用矢量插画元素

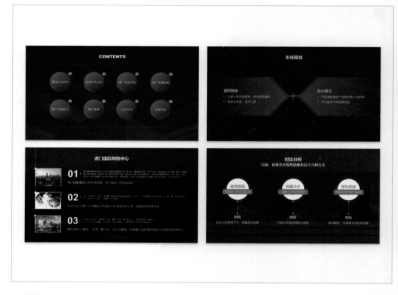

示例
统一使用实物图片元素

01.统一视觉主题   02.统一图形样式   03.统一素材图片

借用图标⁺

在设计PPT时，为了让内容更有说服力，我们经常会展示一些数据，来辅助说明我们的观点。但如果只是简单地罗列，或者随便放一张默认的图表上去，难免有些单调枯燥。

其实，我们还可以有更多展示数据的创意方法，比如，使用图标。

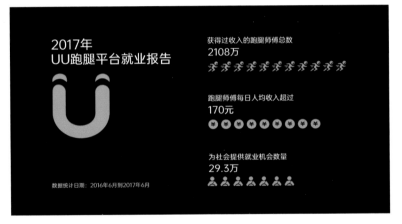

示例

示例

借用图片⁺

除了图标，使用具象化的场景图片与数据结合，也能让我们的数据更有冲击力，还有利于在观众脑海中营造出对应的场景，以给观众留下更深刻的印象。

废气排放总量
637203.7亿m³

数据来自于2010年2月6日新版的《第一次全国污染源普查公报》

示例

16000亿元

2018年海洋旅游业全年增加值
有效发挥对海洋经济增长的支撑作用

示例

借用图形⁺

PPT中自带的数据图表，其实就是一种将数据可视化展示的方法，有利于观众快速理解数据之间的关系。除此之外，一些能够展现数据形态的图形，也能够很好地体现数据之间的关系。

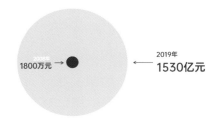

示例

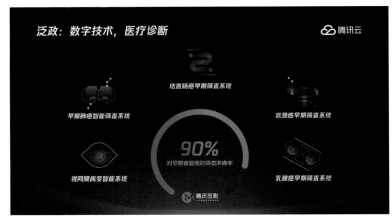

示例

STEP01
原稿

STEP02
对内容进行拆分

STEP03
添加图片

STEP04
添加蒙版弱化图片

STEP05
对文字进行排版

原因+

当并列的内容较少时，我们可以采取最简单的排版方式，将页面上的内容等距进行排列即可。

当然，为了避免页面单调，我们还可以添加一些图片和小图标等，进行可视化修饰。

01.并列式排列　02.对称式排列　03.发散式排列

STEP01
原稿

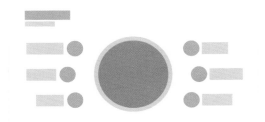

STEP02
构思页面版式

STEP03
进行排版布局

STEP04
添加圆环修饰

STEP05
添加背景图

原因 +

当并列的内容项较多时，我们可以把内容沿着某个中心点进行对称排列，这也是一种非常通用的排版方式。这样一方面能让页面的视觉更加平衡，另一方面也会让内容的间距更适当，让页面更有呼吸感。

01.并列式排列　　02.对称式排列　　03.发散式排列

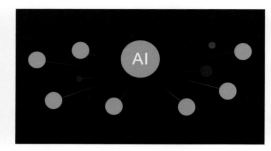

STEP01
原稿

STEP02
构思页面版式

STEP03
对文字进行排版

STEP04
添加背景图片

STEP05
添加修饰图标

原因

当PPT页面上需要并列表达的要点非常多，且没有对称关系时，我们可以使用发散式排列，这样可以呈现出内容很多的感觉。

01.并列式排列　02. 对称式排列　03.发散式排列

STEP01
原稿

STEP02
明确图示的主线

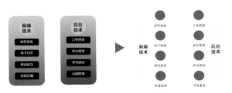

STEP03
去除多余样式

STEP04
优化具体模块

STEP05
添加箭头修饰

STEP06
添加小图标并修改颜色

示例

示例

示例

示例

释义 +

所谓弧线对齐，是指排版时沿着线条弯曲的弧度进行排版，一般用来进行总分关系的内容排版。

这种对齐形式的特点在于，可以很恰当地呈现出总分关系，而且可以很好地打破页面留给人的呆板印象。

01.弧线式对齐　　02.对角线对齐　　03.错落式对齐　　04.矩阵式对齐

示例

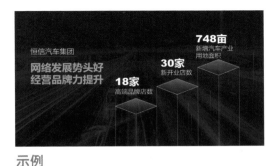

示例

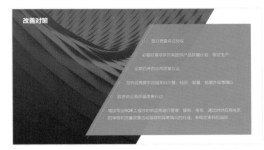

示例

示例

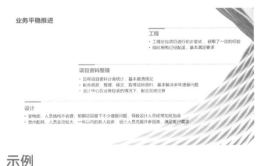

示例

释义+

对角线对齐也可以叫作斜线对齐。通常情况下，当我们想要呈现出内容的上升趋势时，或者表达不同的阶段，会采用这种版式布局的方法。

01.弧线式对齐　　02.对角线对齐　　03.错落式对齐　　04.矩阵式对齐

示例

示例

示例

示例

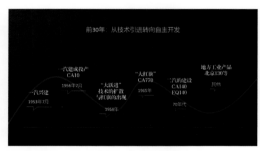

示例

释义

通俗点来说，错落式对齐就是一高一低地进行排版。这种对齐方法，通常比较适合图文排版或是文段排版，可以让页面避免呆板，富有创意。

01.弧线式对齐　　02.对角线对齐　　03.错落式对齐　　04.矩阵式对齐

示例

示例

示例

示例

示例

释义+

所谓矩阵式对齐，就是把页面横切或竖切为几个不同的块，每一个块承载一个内容点，较适合并列式逻辑关系。

01.弧线式对齐　　02.对角线对齐　　03.错落式对齐　　04.矩阵式对齐

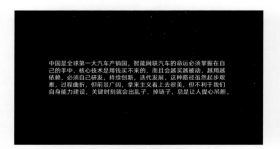

STEP01
原稿

STEP02
信息梳理

STEP03
明确逻辑

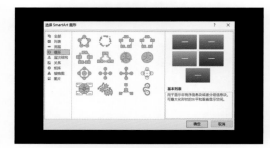

STEP04
构思图形

STEP05
应用图形

STEP06
匹配风格

PPT页面常用的3种修饰元素

图标

形状

装饰素材

很多时候，PPT新手之所以会觉得自己的PPT页面过于平淡，往往是因为缺少了一些修饰和点缀。

如左图所示，PPT中常用的修饰元素，一般分为图标、形状和装饰素材三类。

示例
图形元素

示例
光效元素

示例
图标元素

01.确定元素的类型　　02.确定元素的位置　　03.确定元素的形式

左右相对对称

对角线对称分布

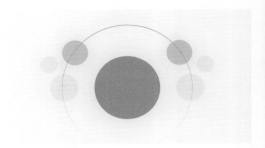

几何图形分布

示例

示例

示例

01.确定元素的类型　　02.确定元素的位置　　03.确定元素的形式

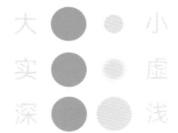

当我们使用修饰元素对页面进行点缀时，并不是简单地把元素放置在页面上即可。而是做一些简单的处理，比如大小对比、虚实对比、深浅对比等，从而在视觉效果上更加具有层次感。

示例

示例

01.确定元素的类型   02.确定元素的位置   03.确定元素的形式

示例

商务风，使用黑体

示例

少儿类，使用卡通风字体

在选择字体时，需要考虑的两个点

1.幻灯片的风格类型
2.内容所要传达的情绪

示例

豪迈情绪，用书法字体

示例

庄重情绪，用黑体

示例

中国风，用楷体

01.确定合适的字体　　02.确定文字的颜色　　03.确定文字的位置

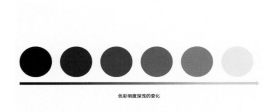

STEP01
把握色彩明暗深浅的变化

STEP02
选择明暗对比明显的颜色进行搭配

STEP03
应用效果

STEP01
插入图片

STEP02
用取色器从图片中取色

STEP03
应用效果

01.确定合适的字体　　02.确定文字的颜色　　03.确定文字的位置

STEP01

分析背景图片：主体物分布均匀

STEP02

将文字放在中心偏上的位置即可

STEP03

应用效果

STEP01

分析背景图片：主体物分布左右侧

STEP02

将文字放在页面上非主体物的区域

STEP03

应用效果

01.确定合适的字体　　02.确定文字的颜色　　03.确定文字的位置

- **文字的位置**
  - 文字的效果

需要处理的部分

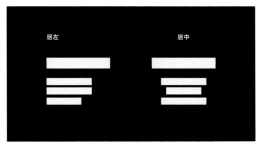

文字的常见位置和排列方式

文字的常见修饰效果

示例
居中＋文字渐变

示例
居中＋文字纹理填充

示例
居中＋文字变形

01.对文字层进行处理　　02.对图形层进行处理　　03.对背景层进行处理

常用的修饰图形

在封面设计中，线条、色块或者图标，都是常用的图形元素，但具体选择哪一种，还需要基于文案含义来确定。

示例
使用线条修饰

示例
使用色块修饰

示例
使用图标修饰

01.对文字层进行处理　　02.对图形层进行处理　　03.对背景层进行处理

使用纯色背景的注意事项

最好使用深色或彩色，这会让页面的视觉效果显得更加丰富，不至于过于单调。

使用图片背景的注意事项

图片的含义，一定要与文案内容相关。

新金融 新生态

互联网金融浅析

Stefan Zhao

示例

示例

01.对文字层进行处理　　02.对图形层进行处理　　03.对背景层进行处理

借助图形⁺

在设计目录页时，为了避免页面过于空洞单调，我们可以绘制一些色块，或使用一些线条、图标等。

这样一方面能丰富页面的视觉效果，另一方面也能起到聚焦、引导视线的作用。

示例
使用色块

示例
使用线条

示例
使用图标

两个技巧教你排版优质目录页

借助图片⁺

使用与文案内容相关的图片，也是常用的方法之一。

这样一方面能让内容更加具象化，另一方面也能避免页面过于空洞单调。

示例
将图片放大到全屏大小

示例
用多张图片对页面进行分栏

示例
将单图裁剪成特殊形状

一、工作总结及成长历程

STEP01
原稿

STEP02
绘制渐变蒙版

STEP03
添加与文案相关的背景图

STEP04
将LOGO和文本居中对齐，添加修饰线条

STEP05
最终在整套PPT中的效果

原因+

因为过渡页具有分割幻灯片各部分内容的作用，所以要求过渡页的页面设计要区别于内容页，以便观众能够快速地分辨出当前页面是过渡页。

而最简单有效的办法，就是使用大面积的颜色。

01.使用大面积颜色   02. 对章节数字进行处理   03.沿用目录页设计

技巧1

把数字处理成描边

技巧2

为数字添加渐变

技巧3

将数字放大

技巧4

对数字进行图形化处理

01.使用大面积颜色　　02. 对章节数字进行处理　　03.沿用目录页设计

释义 +

直接沿用目录页的版式设计，也是设计PPT中过渡页的常用方法，这一方法的优点是，简单易操作，并且有利于观众对章节进行回顾。

具体的操作方法也很简单，只需降低其他章节标题的透明度，从而凸显本章节的标题。

示例

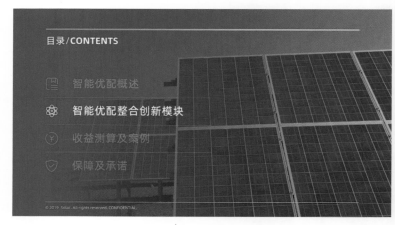

示例

01.使用大面积颜色　　02. 对章节数字进行处理　　03.沿用目录页设计

STEP01
原稿

STEP02
插入六边形并排版

STEP03
插入描边线条

原因⁺

因为时间轴页的内容体现的是一个延续性的关系，所以我们可以使用一些具有连贯性的图形，将内容串联起来，展现其中的延续性。

STEP04
设置描边线条的端点为圆形

STEP05
对内容进行排版

01.借助图形   02.借助图片

STEP01
原稿

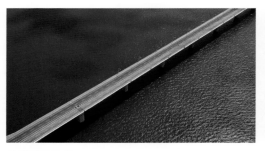

STEP02
插入图片

STEP03
添加蒙版

STEP04
设置蒙版参数

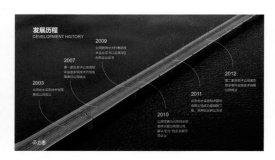

STEP05
绘制线条并快速复制，然后对文字进行排版布局

原因

除了手动绘制图形之外，许多现实中具有"线条感"的物体，都可以作为串联内容的"轴线"，比如山脉、桥梁、海岸线等。利用这些物体作为轴线，也是一个非常巧妙的方法。

01.借助图形　　02.借助图片

STEP01
原稿

STEP02
对内容进行提炼

STEP03
从公司官网寻找配图

STEP04
构思页面版式

STEP05
按版式填充内容

STEP06
进行细节优化

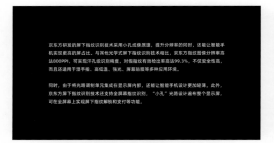

STEP01
原稿

STEP02
对信息进行分段

STEP03
对大段文字进一步分段

STEP04
划分层级关系

STEP05
构思版式布局

STEP06
对内容进行排版

示例
表格式排列

示例
图形式排列

示例
环绕式排列

示例
散乱式排列

释义⁺

表格式排列：顾名思义，就是按照表格的样式来排版图标，这种形式的特点在于操作比较简单，而且，图标排版的视觉效果非常整洁。

图形式排列：这种形式比较有意思，就是将图标排列成某个特定图形的样式，所以，当我们表现特定的视觉含义时，可以采用这种形式。

环绕式排列：当页面上有不同方面的内容时，使用这种形式可以非常清晰地将其表现出来。

散乱式排列：在保持视觉平衡的前提下，通过调整位置、大小、虚实关系，来体现出数量很多的感觉。

1.放大铺满页面

让页面背景更加饱满，增强视觉冲击力，给观众留下更为深刻的印象。

2.对页面进行分栏

让页面版式布局更加结构化，同时增强页面的视觉层次。

3.将图片裁剪成创意形状

避免页面过于单调平淡，让页面版式更加灵动，增加创意和趣味性。

示例
将图片放大到页面大小

示例
用单张图片对页面进行分栏

示例
将单图裁剪成特殊形状

STEP01
原稿

STEP02
裁剪图片并铺满页面

STEP03
添加蒙版

STEP04
设置蒙版参数

STEP05
对文字进行修饰并排版

释义

顾名思义，就是将多张图片并列地摆放在页面上。同时，为了让图片更有冲击力，可以将图片进行等比例拉伸，使之铺满整个PPT页面。

01.并列型排版　02.错落型排版　03.透视型排版

STEP01
原稿

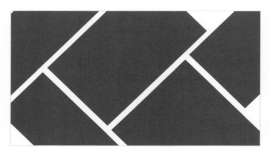

STEP02
绘制一些矩形

STEP03
让图片和矩形进行布尔运算

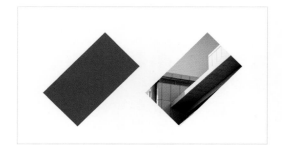

STEP04
得到运算后的图片

STEP05
对图片进行排版

释义+

这种方法其实就是把多张图片进行交叉排列，从而形成一种视差感，从而避免页面过于呆板，让整体的版面看起来更加生动而富于变化。

01.并列型排版　02.错落型排版　03.透视型排版

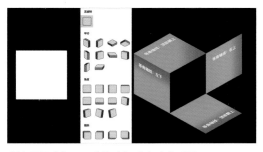

常用的三维旋转效果

所谓透视型排版，就是利用PPT中自带的三维旋转功能，对图片、形状进行变换，达到透视效果。

如左图，常用的三维旋转效果有：

- 等角轴线：顶部朝上
- 等角轴线：左下
- 等角轴线：右上

STEP01
插入图片

STEP02
对图片进行三维旋转

STEP03
添加背景图并调整文字样式

01.并列型排版　02.错落型排版　03.透视型排版

STEP01
原稿

STEP02
对LOGO和文字进行渐变填充

STEP03
设置渐变参数

STEP04
添加麦穗素材

STEP05
添加背景图片

STEP06
最终效果

01.统一整体风格 02.绘制色块衬底 03.大小错落分布 04.进行三维旋转

▎大量LOGO的4种展示方式

STEP01
原稿

STEP02
绘制圆形色块

STEP03
添加背景图和蒙版

STEP04
设置蒙版参数

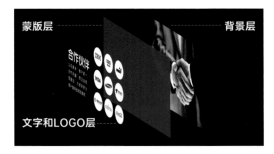

STEP05
文字层、蒙版层、图片层位置关系

STEP06
最终效果

01.统一整体风格　02.绘制色块衬底　03.大小错落分布　04.进行三维旋转

STEP01
原稿

STEP02
调整布局和LOGO大小、位置

STEP03
添加背景图和修饰元素

STEP04
绘制色块衬底

STEP05
添加蒙版

STEP06
设置蒙版参数，完成

01.统一整体风格 02.绘制色块衬底 03.大小错落分布 04.进行三维旋转

STEP01
原稿

STEP02
组合LOGO并放大至超出页面

STEP03
添加背景图和修饰元素

Y 旋转　285°

透视　75°

STEP04
设置三维旋转参数

STEP05
添加麦穗素材并调整文字样式

STEP06
为麦穗和文字更改颜色

01.统一整体风格　02.绘制色块衬底　03.大小错落分布　04.进行三维旋转

STEP01
原稿

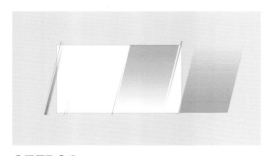

STEP02
绘制渐变形状（部分超出页面）

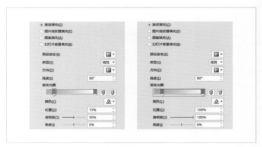

STEP03
设置渐变参数

STEP04
调整文字/图片的样式和位置

STEP05
添加背景图片

原因

单纯地把人物图片和介绍信息放置在页面上，未免显得有些单调。这时，我们可以通过在人物底部添加色块的方式，让页面更具层次感。

01.绘制色块衬底　　02.添加线条修饰　　03.人像透明化

单个人物的3种排版方法

STEP01
原稿

STEP02
绘制不规则线条，并添加背景图和蒙版

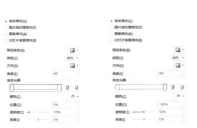

STEP03
设置蒙版参数

STEP04
图层关系

STEP05
最终效果

原因 +

当页面上只有人物照片和名字，内容较少时，在人物底部添加线框修饰，既能丰富页面层次，也能聚焦观众的视线。

01.绘制色块衬底　　02.添加线条修饰　　03.人像透明化

STEP01
原稿

STEP02
为背景添加渐变

STEP03
设置渐变参数

STEP04
调整主副肖像的大小和位置

STEP05
添加蒙版并适当调整透明度

原因+

当页面背景较为单调时，我们可以多添加一张人物照片，并对其进行透明化处理，这样既能丰富页面背景，也能在一定程度上增强艺术感。

01.绘制色块衬底　02.添加线条修饰　03.人像透明化

团队介绍页的3种排版方法

STEP01
原稿

STEP02
将图片裁剪为特殊形状并调整大小

STEP03
调整人物视线至同一水平线

STEP04
最终效果

原因 +

当页面上的图片尺寸不够统一时，我们首先要对图片进行裁剪，统一图片的形状和大小。

这里有两点需要注意：

一是要尽可能地保证人物的完整性，也就是要保留人物的头部、颈部和肩部。

二是要保证人物的视线在同一水平线上。这样会让所有人物看起来更加规整，避免高低误差分散观众的注意力。

01.保持图片统一　02.绘制形状衬底　03.大小错落分布

STEP01
原稿

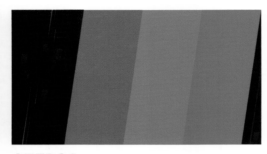

STEP02
绘制图形

STEP03
设置渐变图形参数

STEP04
利用布尔运算裁剪图片

STEP05
对内容和图片进行排版

原因+

在单张人物排版中已经提到，添加形状衬底，能够很好地避免页面单调，丰富层次感。而当页面上人物较多时，添加形状衬底能在一定程度上节省排版空间。

01.统一图片大小　02.绘制形状衬底　03.大小错落分布

团队介绍页的3种排版方法

一支追求品质和力求不断超越的团队

寝友圈

STEP01
原稿

STEP02
为背景添加渐变，参数如图所示

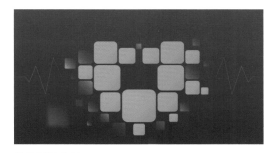

STEP03
绘制修饰图形

STEP04
设置渐变参数

STEP05
对内容进行排版

原因

当页面上人物较多时，通过改变图片的大小、虚实和位置关系，既能节省排版空间，显示出人物很多的感觉，又能丰富页面效果，避免页面呆板。

01.统一图片大小　02.绘制形状衬底　03.大小错落分布

STEP01
原稿

STEP02
添加背景图

STEP03
插入飞机素材

STEP04
制作尾流图形

STEP05
为尾流添加阴影

STEP06
对内容进行排版

01.内容完全在场景内部　　02.内容基于场景而存在

STEP01
原稿

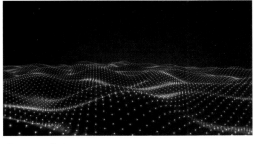

STEP02
添加背景图

STEP03
使用蒙版弱化背景

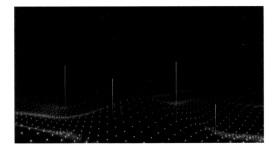

STEP04
绘制发光线条

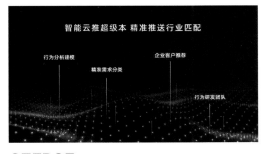

STEP05
对文字进行排版

STEP06
添加修饰图标

01.内容完全在场景内部　　02.内容基于场景而存在

示例

示例

示例

示例

示例

示例

01.文字之间的错位排版 02.文字与图形的错位排版

创意排版方法——错位排版

原因

通常情况下，我们在进行排版时，文字与形状之间会存在一定距离。但如果我们将文字与形状重叠，就可以形成创意。

除此之外，将页面中的元素放置在视觉范围之外，也可以让页面变得更有创意。

将文字与形状进行重叠

让元素部分出现在画面之外

PPT知识图谱

释义 +

定义：简而言之，就是以页面中的论点为中心，把论据有规律地分布在论点的周围。

需要注意的点：

- 环形线条的变换
- 论据的分布要视觉对称

示例

示例

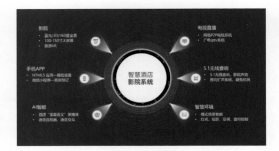

示例

示例

示例

释义⁺

释义

简而言之，就是将版面划分出不同的区域，在不同的区域内，放置不同的内容。

分栏排版的优点：

· 让页面排版更加结构化
· 让页面更具视觉层次

横向分栏

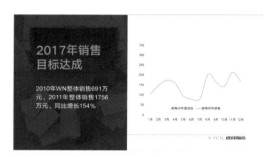

纵向分栏

左中右型排版

等分分栏

不规则型分栏

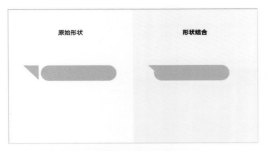

把两个独立的元素，变为一个形状

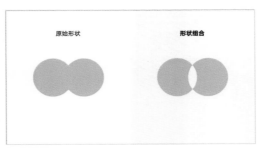

也是把两个独立的元素，变为一个形状

把两个独立的元素的各个区域拆散

两个元素进行相交，只保留重合的区域

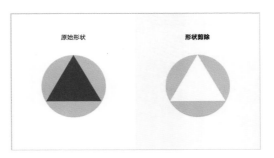

可以简单地理解为A形状减去B形状

拓展+

通过布尔运算，我们可以创造出PPT软件中内置形状外的其他图形，做出更有创意的效果。

STEP01

示例

STEP02

点击【格式】

STEP03

依次点击[合并形状]、[剪除]

镂空文字

背景图

STEP04

可以看到，两层形状层中间的文字部分是镂空的

STEP05

最终效果

拓展⁺

除了镂空字，我们还可以利用镂空图层的遮罩效果，制作出更多创意效果。例如，聚光灯动画、波浪上升动画及动态页面背景等。

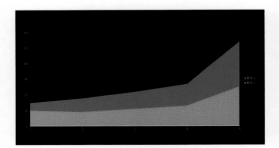

STEP01
原稿

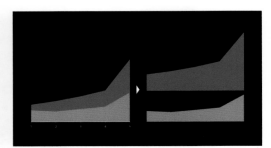

STEP02
将形状矢量化

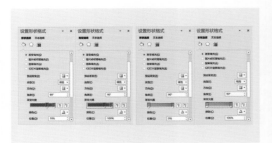

STEP03
设置颜色和透明度

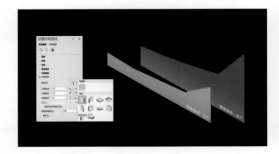

STEP04
设置图表形状三维旋转

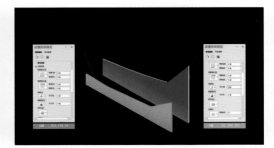

STEP05
调整形状图表深度

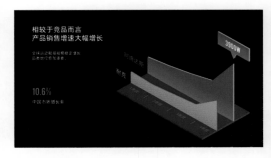

STEP06
最终效果

01.制作立体图表   02.创意多图排版   03.制作创意图形

STEP01
原稿

STEP02
点击[图片格式]

STEP03
点击[三维旋转]

STEP04
效果图

STEP05
三维旋转方向和调整角度

STEP06
最终效果

01.制作立体图表   02.创意多图排版   03.制作创意图形

PPT知识图谱

插入两个相同大小的六边形

移动六边形使之重叠，重叠位置如下：

框选两个形状，点击【合并形状】中的【拆分】，得到以下三个形状

形状1　　　　　形状2　　　　该形状可直接删除

STEP01
插入两个等大的六边形

STEP02
移动六边形使之重叠

STEP03
点击[合并形状]中的[拆分]得到图中三个形状

框选两个形状，点击【合并形状】中的【拆分】，得到以下三个形状

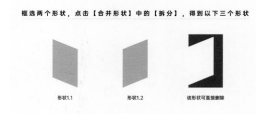

形状1.1　　　　形状1.2　　　　该形状可直接删除

分别为三个形状添加渐变填充以及渐变描边

攀爬技术阶梯，推动GDP增长，迈入智能创新

数字创新
互联大数据发展和物联网应用

互联网创新
按容连续技术，推动云服务应用

基础建设
进行ICT基础设施建设

STEP04
点击[合并形状]中的[拆分]得到图中三个形状

STEP05
分别调整三个形状的渐变参数

STEP06
最终效果

01.制作立体图表　　02.创意多图排版　　03.制作创意图形

MOCKUPHONE

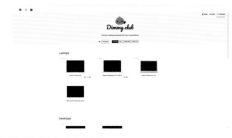

DIMMY.CLUB

SMARTMOCKUPS

BROWSERFRAME

FREEBIESBUG

美工云

01.在线样机网站推荐   02.Ps样机的使用   03.自制PPT样机的方法

STEP01
打开Ps样机

STEP02
依次点击[文件]、[打开]

STEP03
打开需要套样机的图片

STEP04
双击[智能对象图标]

STEP05
替换你的图片，然后保存

STEP06
最终效果

01.在线样机网站推荐   02.Ps样机的使用   03.自制PPT样机的方法

STEP01

绘制一个矩形

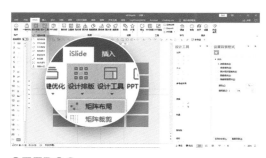

STEP02

依次点击[iSlide]、[矩形布局]

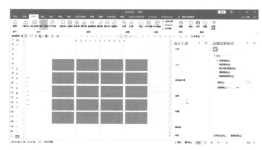

STEP03

组合所有矩形并放大至超出页面

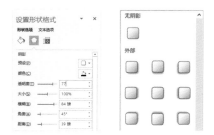

STEP04

调节阴影参数

STEP05

调节三维旋转参数

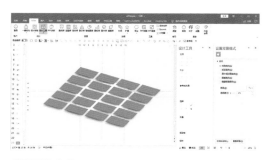

STEP06

最终效果

01.在线样机网站推荐   02.Ps样机的使用   03.自制PPT样机的方法

图悦可以从热词的权重和词频两个方面进行分析，并输出图片，免费导出。但缺点是，样式较为单一，只有标准模式、微信模式和地图模式三种。

WORDART网站同样是免费的，并且是唯一支持中文的国外网站，自定义性很强，生成的效果也非常不错。但加载可能会稍微慢一些，并且界面是全英文的，英文不好的话可能需要借助翻译才能上手。

图悦

WORDART

01.借助在线网站　　02.利用PPT制作

STEP01
原图

STEP02
在一定范围内，随意对文字进行摆放，保持视觉平衡即可

STEP03
修改文字字号，进行大小对比

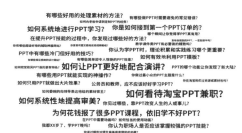

STEP04
调整文字透明度

STEP05
调整文字的颜色深浅，进一步调整对比，凸显层次感

STEP06
最终效果

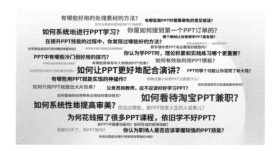

01.借助在线网站　　02.利用PPT制作

*以排版组织架构图为例

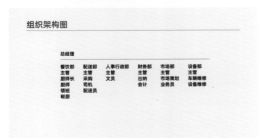

STEP01
原图

STEP02
对文本进行层级划分

STEP03
设置层级

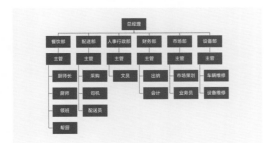

STEP04
将文本转换为SmartArt

STEP05
转换方法

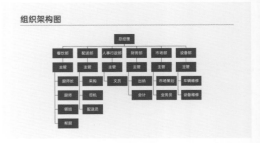

STEP06
最终效果

01. 辅助快速排版　02.表达逻辑关系

STEP01
示例

STEP02
选择合适的SmartArt图示

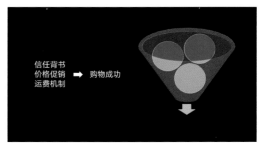

STEP03
将内容与图示进行匹配

STEP04
将内容填充到图示并调整样式

STEP05
优化图形细节

STEP06
最终效果

01. 辅助快速排版　02.表达逻辑关系

STEP01
点击[添加照片]

STEP02
点击[选择模板]

STEP03
选择模板排成照片墙

STEP04
加入全屏蒙版

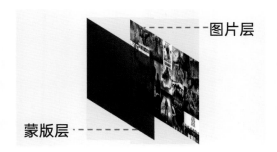

图片层

蒙版层

STEP05
将蒙版置于图片上层

STEP06
最终效果

01. 借助软件   02.使用PPT自制

图片墙的制作方法

STEP01
示例

STEP02
重新编排图片

STEP03
调整照片透明度

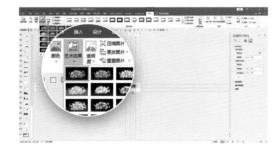

STEP04
依此点击[艺术效果]、[模糊]

STEP05
最终效果

01. 借助软件　　02.使用PPT自制

示例

示例

示例

示例

示例

示例

01.辅助文字显示，增加创意感　　02.辅助图片展示，增强艺术感

笔刷素材的两种用法

使用笔刷素材，对图片进行艺术化展示，是笔刷在PPT中最经常被使用的场景之一。

这样一方面能增强图片的艺术感，让版面看起来更加灵动；另一方面，也能有效地避免图片无法铺满全屏，也不能拉伸裁剪的尴尬情况。

示例

示例

01.辅助文字显示，增加创意感　02.辅助图片展示，增强艺术感

STEP01
插入图片

STEP02
绘制矩形并改色

STEP03
选中图片和形状，依次点击OK插件的[图片混合]、[正片叠底]

STEP04
输入文字内容

拓展

正片叠底，原本是Photoshop软件中的一种图层混合模式。

原理解释如下：当一个房间内放置一台投影仪，打开之后会有一束光投到墙面上，当我们在前面放置一个透明的红色塑料板，投到墙面上的颜色就会变成红色；换成绿色的，墙面上的投影就变成绿色；换成蓝色的，投影又会变成蓝色的，正片叠底就是把颜色印上去，所以正片叠底得到的颜色都比较暗。

正片叠底的作用和PPT中的蒙版有些类似，可以降低干扰，凸显文字信息。但不同的是，使用"正片叠底"的方法会让图片看起来更加通透。非常适合处理复杂的背景图片。

STEP01
原稿

STEP02
对人物进行抠图

STEP03
改变字体

STEP04
绘制修饰图形

STEP05
调整图层并排版内容

STEP06
最终效果

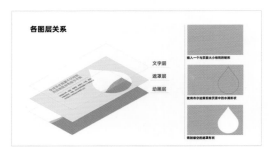

STEP01
利用布尔运算制作遮罩层

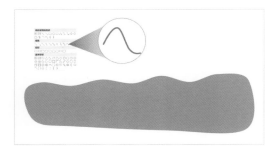

STEP02
使用曲线绘制波浪形状

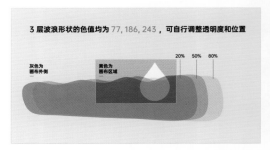

STEP03
调整波浪形状的位置和透明度

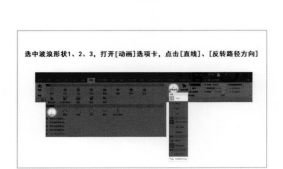

STEP04
为波浪形状添加路径动画

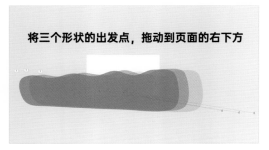

STEP05
调整动画的起始点和延迟等

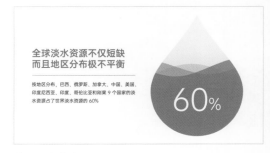

STEP06
最终效果

STEP01
插入文字或矢量文字素材

绘制一个与页面等大的矩形

STEP02
插入形状

A	—	B	=	C

先选中矩形，再选中文字，然后点击[绘图工具]下的[合并形状]，选择[剪除]即可

STEP03
利用布尔运算制作镂空遮罩层

STEP04
将视频置于遮罩层下方

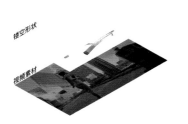

镂空形状

视频素材

STEP05
图层关系

STEP06
最终效果

STEP01
插入准备好的素材

STEP02
调整各个素材的位置关系，将放大版的
iPad 覆盖在 iPad 的上方

STEP03
将放大版的 iPad 裁剪为圆形，并与放大
镜重合

STEP04
复制一页，并将放大镜移动到最右侧，并
裁剪出相应的部分

STEP05
为第二页添加平滑切换效果

STEP06
最终效果

STEP01
输入两列竖排数字并转为图片

STEP02
裁剪数字图片

STEP03
添加背景图和内容等素材

STEP04
复制一页，将数字图片裁剪到最终要显示的数字

STEP05
为第二页添加平滑切换效果

STEP06
最终效果

STEP01

插入图片素材

STEP02

对每一张图片进行三维旋转

STEP03

将三维旋转后的图片排列对齐

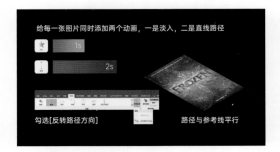

STEP04

为图片添加动画

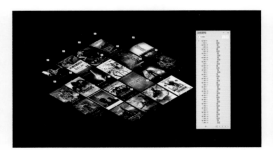

STEP05

为图片添加动画

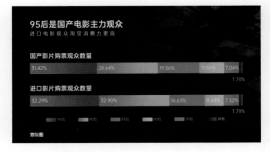

STEP06

对内容进行排版即可完成

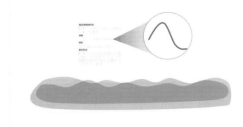

STEP01
使用曲线绘制波浪形状并调整

STEP02
对内容进行排版

为各个时间节点统一添加动画效果，打开 [动画] 选项卡，点击 [浮入]

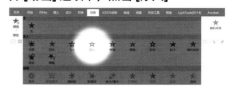

STEP03
为时间节点添加动画并调整

选中所有波浪形状，然后打开 [动画] 选项卡，点击 [直线]，并 [反转路径方向]

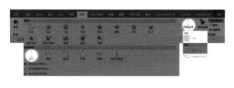

STEP04
为波浪形状添加动画并调整

将波浪形状的出发点，拖动到页面的右下方

STEP05
调整波浪动画的出发点

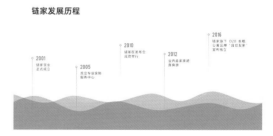

STEP06
最终效果

STEP01
插入图片素材

STEP02
插入文字和蒙版

STEP03
设置蒙版参数

STEP04
复制一页并放大背景图

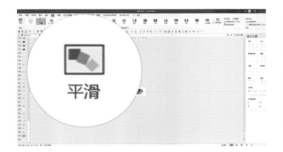

STEP05
为第二页添加平滑切换效果

STEP06
最终效果

STEP01
依次插入图片和文字素材

STEP02
调整素材位置和图层

STEP03
图层关系

STEP04
为各个元素添加动画

STEP05
调整动画顺序

STEP06
最终效果

STEP01
依次插入图片和文字素材

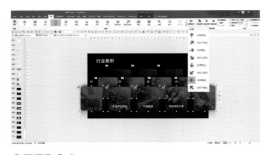

STEP02
为第一排添加飞入动画

STEP03
设置动画开始方式

STEP04
设置时长和平滑结束

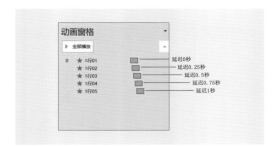

STEP05
设置延迟

STEP06
为后两排添加动画并调整

STEP01
插入图片

STEP02
添加蒙版

STEP03
添加线条元素

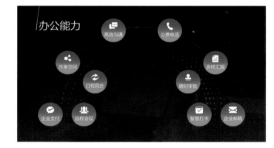

STEP04
添加图形和图标元素

STEP05
添加手机素材

STEP06
为手机添加基本缩放动画

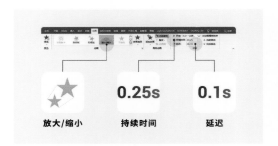

放大/缩小　　　持续时间　　　延迟

STEP07
为手机添加放缩动画

STEP08
设置平滑结束和水平翻转

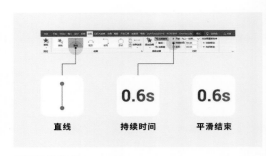

直线　　　持续时间　　　平滑结束

STEP09
为各个圆形和图标设置路径动画和时间

STEP10
翻转路径方向

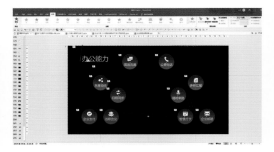

STEP11
调整路径起点到中心

STEP12
最终效果

企业专属智能税务管家

AI税务师产品介绍

BEFORE

BEFORE

使用深色背景的好处

- 营造神秘感
- 增加图版率

AFTER

AFTER

如何寻找深色背景

去花瓣网搜索

01.使用深色背景   02.使用高明度颜色   03.使用科技感元素   04.使用渐变效果

示例

示例

使用高明度颜色的好处

· 背景为深色，高明度颜色可以与背景形成
较大的反差，保证了内容的识别性
· 高明度颜色会给人一种光感，这会与整体
的视觉风格相协调

示例

示例

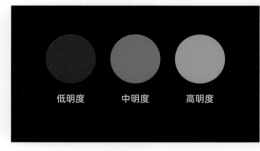

颜色明度示例

01.使用深色背景　02.使用高明度颜色　03.使用科技感元素　04.使用渐变效果

BEFORE

BEFORE

BEFORE

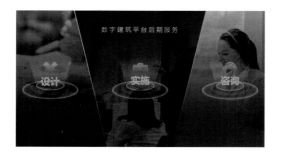

AFTER

AFTER

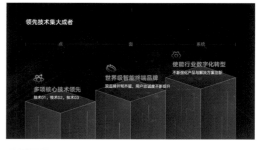

AFTER

01.使用深色背景　02.使用高明度颜色　03.使用科技感元素　04.使用渐变效果

示例

示例

示例

示例

示例

示例

01.使用深色背景　02.使用高明度颜色　03.使用科技感元素　04.使用渐变效果

每一个LOGO，都代表了一种企业主色调。当我们拿到企业的LOGO时，就可以通过对LOGO中的颜色进行提取，得到一份PPT的配色方案。

这样一方面能让整套PPT的色彩风格更加统一，另一方面也能让整套PPT在视觉上更具企业特色。

由阿里巴巴LOGO推出橙色主题色　　　　　　　　**由爱彼迎LOGO推出粉红色主题色**

01.提取色彩搭配方案　　02.推出字体搭配方案　　03.辅助构建页面版式

LOGO一般也是企业品牌调性的一种浓缩，能直接反映出品牌的气质。

因此，我们在选择整套PPT的主题字体搭配时，就可以参考企业LOGO中的字体风格。

由中国风LOGO推出宋体

由现代工业类LOGO推出黑体

01.提取色彩搭配方案　　02.推出字体搭配方案　　03.辅助构建页面版式

示例：腾讯微云的LOGO

利用LOGO制作封面页

利用LOGO制作的目录页

利用LOGO制作的过渡页

利用LOGO制作的内容页

利用LOGO制作的尾页

01.提取色彩搭配方案　　02.推出字体搭配方案　　03.辅助构建页面版式

使用白底的好处

- 学术PPT经常会有各种概念图，如果不使用白底，而放在其他颜色的背景上，会有一种打补丁的感觉，影响视觉美观。

- 学术型的PPT信息量普遍较大，使用纯白色背景，可以保持页面的整洁干净。

STEP01
原稿

STEP02
使用白底，提取文字

STEP03
在重点内容下绘制图形

STEP04
添加图形和图片元素

01.使用白底　　02.用浅灰色块呈现内容　　03.使用导航栏结构　　04.从校徽中挑选配色

2016-2. (单选) 有一种观点认为, 自由不在于幻想中摆脱自然规律而独立, 而在于认识这些规律, 从而能够有计划地使自然规律为一定的目的服务。还有一种观点认为, 自由, 倒过来就是由自, 因此, 自由等于由自, 由自就是随心所欲, 这两种关于自由的观点

A 前者是历史唯心主义的观点, 后者是历史唯物主义的观点
B 前者是机械唯物主义的观点, 后者是唯心主义的观点
C 前者是主观唯心主义的观点, 后者是唯物辩证法的观点
D 前者是唯物辩证法的观点, 后者是唯意志论的观点

STEP01
原稿

STEP02
提取文字

STEP03
规划版式——版式1

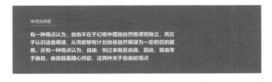

STEP04
规划版式——版式2

STEP05
对内容进行排版（版式1）

STEP06
对内容进行排版（版式2）

01.使用白底　　02.用浅灰色块呈现内容　　03.使用导航栏结构　　04.从校徽中挑选配色

一般情况下，学术风的PPT往往内容多，且大都包含很多章节和层级。因此，我们不妨在PPT中制作一个导航栏结构，这样有利于观众在阅读时，时刻了解页面内容所处的章节和部分，便于更好地理解；同时，也有利于演讲者时刻把握演讲节奏，避免过快或过慢。

示例

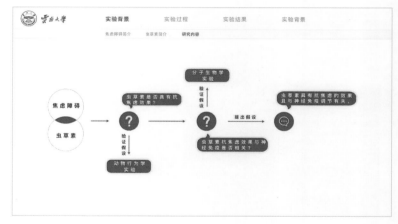

示例

01.使用白底　　02.用浅灰色块呈现内容　　03.使用导航栏结构　　04.从校徽中挑选配色

很多时候，许多PPT新手之所以觉得自己的学术风PPT做得不够美观，很大程度上是因为不会配色。其实，最简单的配色方法，就是从校徽中取色。因为校徽往往是经过专业设计师之手设计的，经过了精挑细选和修改，其配色往往更能代表学校的气质，应用到PPT中，也会别具特色。

 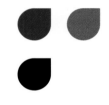

示例   示例

01.使用白底   02.用浅灰色块呈现内容   03.使用导航栏结构   04.从校徽中挑选配色

STEP01
原稿

STEP02
重新修饰标题

STEP03
添加小图标

STEP04
添加修饰线条

STEP05
对内容进行排版

STEP06
最终效果

01.增加图形元素　　02.改变排版形式

为数字经济提供算力解决方案的全球领军企业

- 6年时间营收规模和技术实力跻身全球领先芯片公司行列
- 全球少数几家掌握最先进工艺制程并可规模量产的公司之一

2013年，公司成立首款55nm区块链计算芯片
2014年，首款28nm区块链计算芯片
2015年，AI芯片业务启动
2016年，首款16nm区块链计算芯片，全球市场占有率第一
2017年，初代AI芯片，年营收突破25亿美元
2018年，首款7nm芯片，累计纳税超50亿元
2019年，二代7nm芯片，三代AI芯片

2020年，预计推出首款5nm芯片

STEP01
原稿

为数字经济提供算力解决方案的全球化领军企业

▼

为数字经济提供算力解决方案的全球化领军企业

STEP02
构思排版形式

STEP03
设置标题样式

- 6年时间营收规模和技术实力跻身全球领先芯片公司行列

- 全球少数几家掌握最先进工艺制程并可规模量产的公司之一

6年时间
营收规模和技术实力跻身全球领先芯片公司行列

全球少数几家
掌握最先进工艺制程并可规模量产的公司之一

STEP04
添加小图标和分割线

STEP05
绘制不规则图形

为数字经济提供算力解决方案的全球化领军企业

STEP06
对内容进行排版

01.增加图形元素　　02.改变排版形式